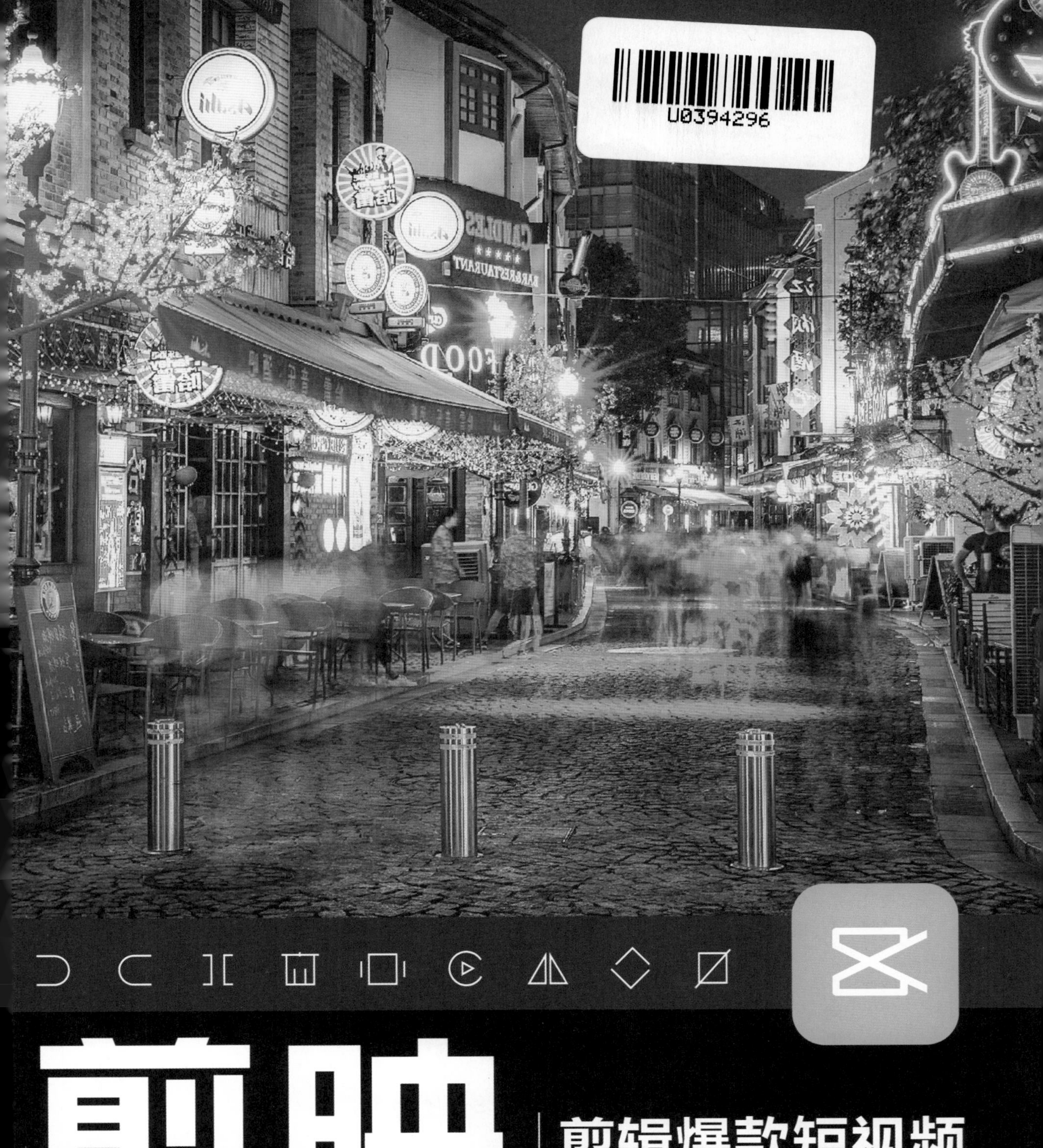

剪映

剪辑爆款短视频快速上手

周婷 编著

内 容 简 介

本书从抖音、快手、B站、小红书等火爆的短视频案例的制作入手，分9大专题详细介绍剪映手机短视频的88个热门案例的制作方法与技巧。通过本书的学习，你可以快速成为一名剪辑出爆款短视频的高手。本书配套全部素材与300分钟教学视频，并赠送短视频运营与盈利教学文档、258分钟Premiere Pro 2022视频制作案例教学视频。

本书共分9章，从认识手机剪映App界面到剪映剪辑功能的使用方法，从短视频基础剪辑到剪映创意剪辑，内容丰富，技法实用。具体包括：剪映界面与功能简介、18个短视频的剪辑技巧、10种经典调色、15种热门特效效果、10种人像处理、15种字幕效果、10种音频处理技巧、6种发布技巧，以及4大类综合应用实战案例。

本书适合拍摄与剪辑短视频的初、中级爱好者，特别是想运用手机快速进行剪辑、制作爆款短视频效果的读者，同时也可以作为高等院校视频剪辑相关专业的参考教材。

图书在版编目（CIP）数据

剪映剪辑爆款短视频快速上手/周婷编著. —北京：清华大学出版社，2022.9
ISBN 978-7-302-61801-0

Ⅰ. ①剪… Ⅱ. ①周… Ⅲ. ①视频编辑软件 Ⅳ. ①TN94

中国版本图书馆CIP数据核字（2022）第165296号

责任编辑：夏毓彦
封面设计：王 翔
责任校对：闫秀华
责任印制：沈 露

出版发行：清华大学出版社
网 址：http://www.tup.com.cn，http://www.wqbook.com
地 址：北京清华大学学研大厦A座 邮 编：100084
社 总 机：010-83470000 邮 购：010-62786544
投稿与读者服务：010-62776969，c-service@tup.tsinghua.edu.cn
质量反馈：010-62772015，zhiliang@tup.tsinghua.edu.cn
印 装 者：三河市龙大印装有限公司
经 销：全国新华书店
开 本：190mm×260mm 印 张：12.75 字 数：344千字
版 次：2022年11月第1版 印 次：2022年11月第1次印刷
定 价：89.00元

产品编号：098858-01

前　言

根据中国互联网络信息中心（CNNIC）发布第48次《中国互联网络发展状况统计报告》显示，截至2021年6月，我国网民规模达10.11亿，短视频用户规模8.88亿。通过这些数据，不难看出，当前用户的阅读习惯从图文逐渐过渡到了短视频。

抖音作为其中一个短视频工具，也在2021年发布的《2020抖音数据报告》中表示日活跃用户突破了6亿，成为炙手可热的营销平台，人人都可以在其平台发布视频内容来实现营销。剪映作为抖音官方推出的一款操作简单、功能齐全的视频编辑软件，其最大的亮点在于可以与抖音短视频平台无缝连接。越来越多的抖音用户都通过剪映App来完成视频创作、视频剪辑等工作。

本书内容

本书从抖音、快手、B站、小红书等火爆的短视频案例的制作入手，分9大专题详细介绍剪映App编辑短视频各项功能。从认识手机剪映App界面到剪映剪辑功能的使用方法，从短视频基础剪辑到剪映创意剪辑，具体包括剪映界面与功能简介、18个短视频的剪辑技巧、10种经典调色、15种热门特效效果、10种人像处理、15种字幕效果、10种音频处理技巧、6种发布技巧，以及4大类综合应用实战案例等，帮助大家快速上手剪映App，顺利剪辑出爆款短视频。

本书特点

本书通过详细介绍剪映的基础剪辑、创意剪辑等内容，帮助大家迅速掌握视频剪辑的要点，并能结合实际情况制作出精美的视频。

- 本书内容精炼易学，书中内容理论与案例相结合，能帮助大家快速理解内容。
- 本书属于工具书，不仅系统讲解各剪辑技巧，还配有相应的操作步骤，方便大家着手操作。
- 本书注重解决实际问题，书中内容由浅至深，让初学者也能解决视频剪辑中的问题。

通过本书的学习，你可以快速成为一名剪辑出爆款短视频的高手。

资源下载

本书配套资源包括全部素材与300分钟教学视频，并赠送短视频运营与盈利教学文档、258分钟 Premiere Pro 2022 视频制作案例教学视频，需要使用微信扫描下面二维码获取，可按扫描后的页面提示填写你的邮箱，把下载链接转发到邮箱中下载。如果发现问题或疑问，请用电子邮件联系 booksaga@163.com，邮件主题为“剪映剪辑爆款短视频快速上手”。

由于笔者水平有限，成书时间也比较仓促，书中疏漏之处在所难免，希望读者与同行能不吝赐教。

编者

2022年8月

目　录

第 1 章

爱它，就来了解它

本章提要

一提到短视频编辑，我们都会想到剪映。剪映是抖音官方推出的一款专业的手机短视频剪辑软件，剪映的主界面简洁大方、操作方便。剪映的剪辑功能非常强大，主要包括剪辑功能、音频功能、文本功能、滤镜功能、背景功能等，支持变速、多样滤镜效果，以及丰富的曲库资源，深受短视频制作的专业人员和普通用户的青睐。本章将介绍剪映App的安装、剪映的基本功能、剪映的工作界面，以及短视频的剪辑流程。

001 一分钟安装剪映应用程序

剪映是一个操作简单、上手快速的软件，非常适合零基础的读者使用。它分为电脑版和手机版，本书只讲解手机版剪映App。下面我们就来介绍一下下载和安装剪映App的方法，具体操作步骤如下：

步骤01 在手机中找到软件商店（或App Store），如图1-1所示。

步骤02 点击软件商店图标进入软件商店页面，如图1-2所示。

> **提示** | 不同品牌的手机下载应用程序的位置有所不同，比如，安卓手机是在应用商店或软件商店中下载和安装应用程序，而苹果手机则是在App Store里面下载。

步骤03 在软件商店页面上端的搜索栏中输入要搜索的软件名称，这里输入“剪映”，即可出现剪映的安装页面，如图1-3所示。

图1-1

图1-2

图1-3

> **提示** | 如果读者手机中已经安装了剪映App应用程序，这时搜索出来的页面中剪映右侧的按钮为“打开”，如果安装版本较低，则显示为“更新”或“升级”，如图1-4所示。

步骤04 点击页面右侧的安装按钮即可自动安装，安装完成后，剪映安装页面右侧的“安装”按钮显示为“打开”，点击“打开”按钮，即可进入剪映App的主界面，如图1-5所示。

> **提示** | 如果手机上安装了剪映App，手机屏幕上就会出现剪映App的安装程序图标，我们就可以直接通过点击此图标打开剪映来剪辑视频了，如图1-6所示。

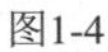
图1-4

图1-5

图1-6

002 三分钟了解剪映功能

剪映是由抖音官方推出的一款手机视频编辑工具，它的剪辑功能比较全面，不仅具备常用的视频处理能力（比如变速、定格），而且还具有强大的滤镜、蒙版和美颜特效，以及丰富的曲库资源等。在手机上安装了剪映软件之后，点击打开剪映程序，进入剪映程序主界面，如图1-7所示。

剪映主要有几大功能，下面我们将简要介绍一下。

1．编辑创作

编辑功能是剪映的主要功能，也是最重要的功能。点击剪映主界面上的【开始创作】按钮，添加视频（图片）素材，即可进入剪映的编辑主界面，如图1-8所示。

图1-7

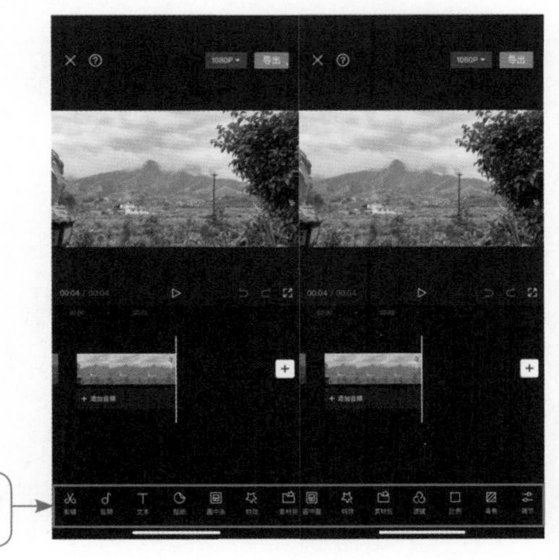

图1-8

剪映的编辑主界面的下方是剪映的编辑功能按钮，它们分别是剪辑、音频、文本、贴纸、素材包、画中画、特效、滤镜、比例、背景、调节等。这里我们主要介绍新增的编辑功能，其他功能将在后面相应的章节中进行介绍。

- 智能抠像

智能抠像就是系统自动把视频或照片中的人像从背景抠出来，智能抠像通常应用于更换照片或视频背景。

步骤01 点击开始创作，添加一幅照片素材，经编辑轨道上选择照片素材，点击屏幕正文的【抠像】按钮，如图1-9所示。

步骤02 点击屏幕正文的【智能抠像】按钮，照片中的人像就被抠出来了，如图1-10所示。

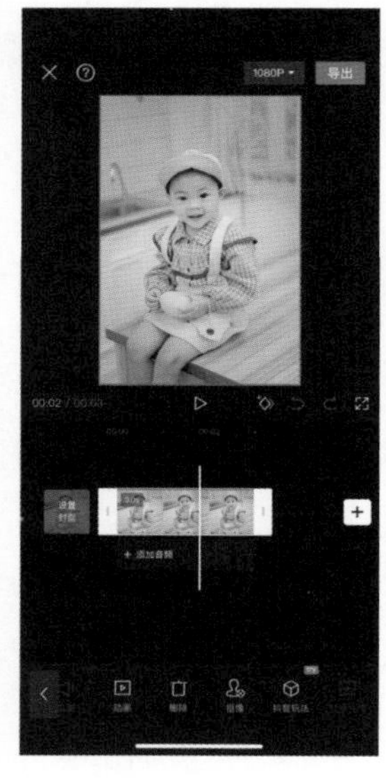

图1-9

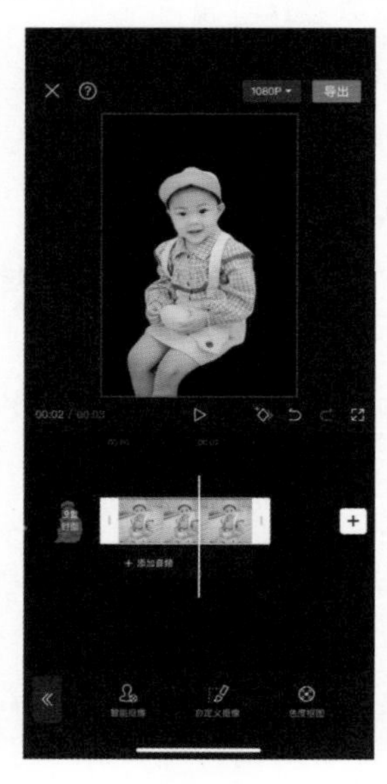

图1-10

- 色度抠像

剪映App中的色度抠像功能，可以将照片中的主体对象捞取出来，最常用的就是抠除图片上的绿幕。色度抠像通常是针对纯色背景的照片或者视频，把里面的主体抠出来，色度抠像的操作步骤与智能抠像相似。

- 识别字幕

识别字幕就是识别视频或音频中的声音，并将其转换为字幕。导入视频，点击添加字幕，再点击识别字幕，如图1-11所示，识别出来的字幕将会出现在字幕轨道上，如图1-12所示。

由于自动识别出来的字幕中可能会出现一些错别字，因此，通常会对识别的字幕进行编辑。选中识别的字幕，点击如图1-13所示的“批量编辑”按钮，这时就可以对字幕进行修改了，如图1-14所示。

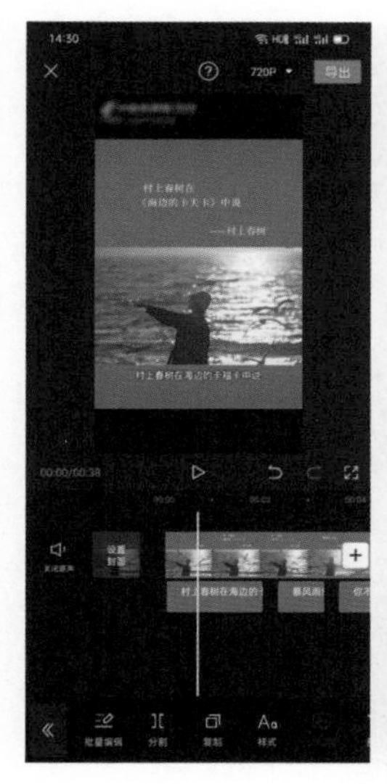

图1-11

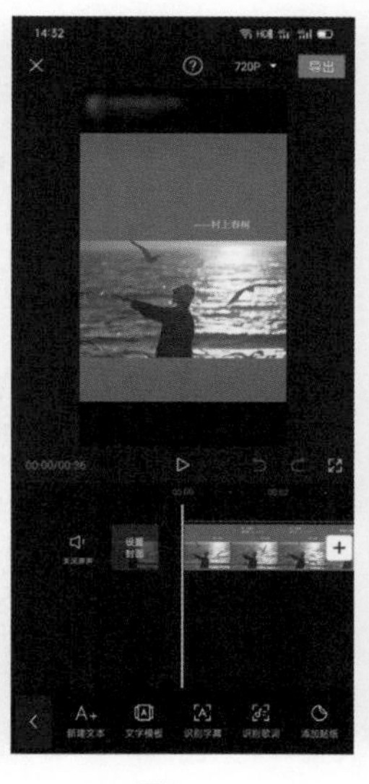

图1-12

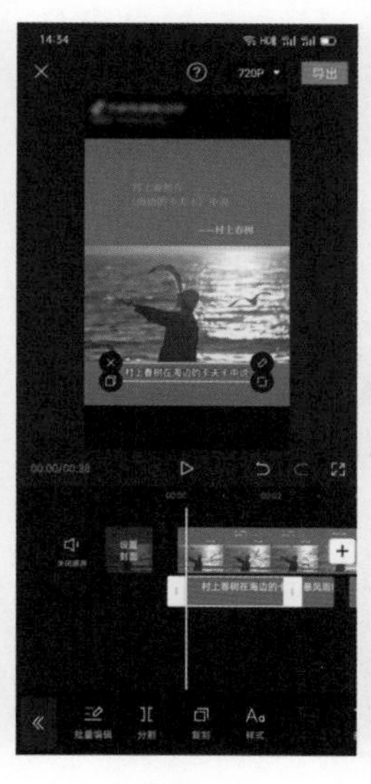

图1-13

图1-14

- 画中画

所谓画中画，就是在一幅画上面再添加一幅画，这就是画中画功能，在抖音视频中经常看到画中画特效。

步骤01 导入如图1-15所示的视频，选择屏幕下方的【画中画】按钮。

步骤02 点击如图1-16所示的【新增画中画】按钮，在如图1-17所示页面选择要添加的视频。

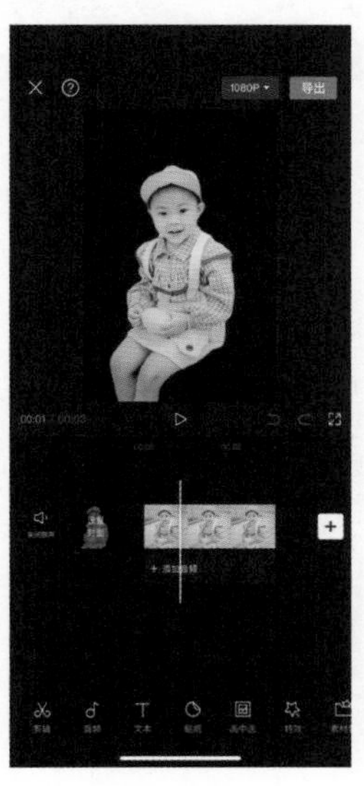

图1-15

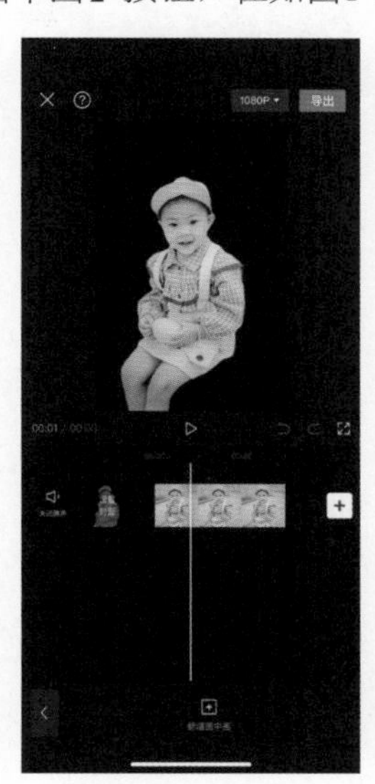

图1-16

图1-17

步骤03 导入一个视频，点击新导入的视频轨道，选择屏幕下方的【蒙版】→【线性】按钮，如图1-18所示，拖动控制黄线位置调整图像大小，然后点击小箭头下拉调整羽化值。

步骤04 点击屏幕下方蒙版右侧的✓按钮，这时两个视频就融合成一个新的视频了，如图1-19所示。

图1-18

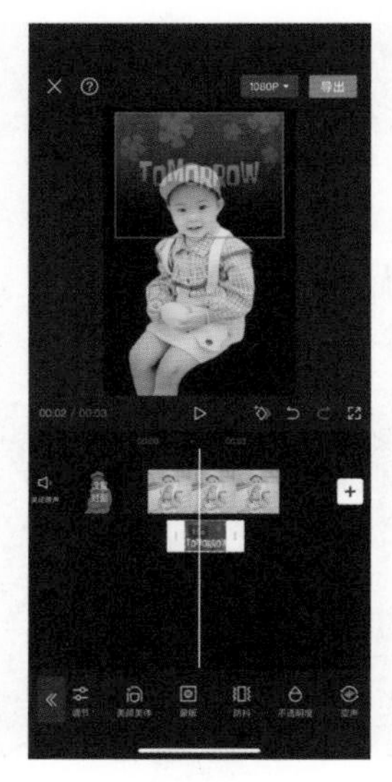

图1-19

- 曲线变速

使用剪映变速功能，用户可以对视频进行变速调整，既可以将视频变快，也可以将视频变慢。添加如图1-20所示的视频，选中视频然后点击【变速】→【曲线变速】进入如图1-21所示的页面，在这里可以选择曲线变速的方式，比如图1-22所示的自定方式。

图1-20

图1-21

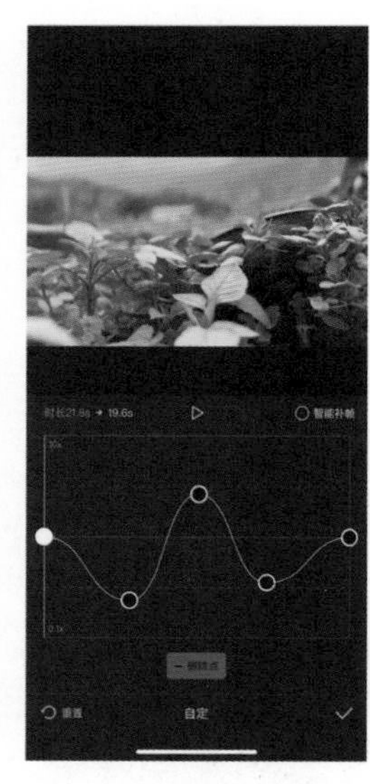

图1-22

- 自动踩点

剪映App提供了【自动踩点】功能，可以自动根据节拍、旋律，对视频进行打点，读者根据这些标记来剪辑视频就可以了。例如，我们经常在抖音上看到的卡点视频，画面跟随动感的节奏变换，十分炫酷。具体步骤如下：

步骤01 点击【开始创作】按钮，然后添加6幅图片，如图1-23所示。

步骤02 点击图片轨道下面的【添加音频】按钮，再点击屏幕下方的【音乐】按钮，进入如图1-24所示的添加音乐页面，点击页面中的【卡点】选项，进入卡点页面，在卡点页面选择一个合适的音乐文件，最后点击如图1-25所示的【使用】按钮，即可将选择的卡点音乐添加到音频轨道上了。

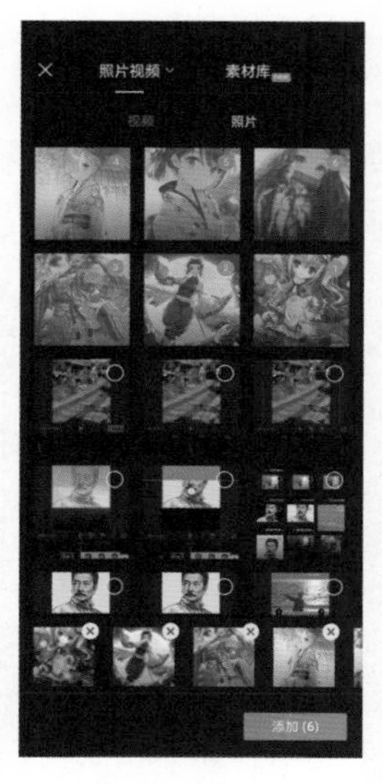

图1-23

图1-24

图1-25

步骤03 在轨道上选中添加的音乐，在如图1-26所示的页面点击【踩点】按钮，进入如图1-27所示的页面，即可以在该页面设置自动踩点。

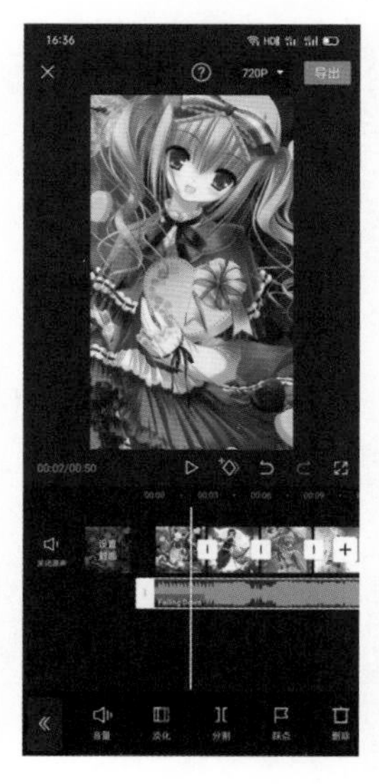

图1-26

图1-27

2．一键成片

一键成片功能非常简单好用，它可以将我们提供的视频、照片素材快速地制作出各种视频效果，特别适合初学者。具体步骤如下：

步骤01 点击剪映主界面上的【一键成片】按钮，进入如图1-28所示的页面。

步骤02 点击选取一段素材，再点击【下一步】按钮，进入如图1-29所示的页面，这里提供了很多推荐模板供我们选择。

步骤03 点击选择想要的模板，剪映就会自动将这个模板应用到我们的素材中，如图1-30所示。

步骤04 点击模板上的【点击编辑】按钮，进入如图1-31所示的页面，这里可以对视频和文字进行编辑。编辑完成后就可以导出一键成片的视频了。

图1-28

图1-29

图1-30

图1-31

3．图文成片

剪映新增了强大的图文成片功能，即用户输入一段文字，剪映可以智能匹配图片素材、添加字幕、旁白和音乐，最后自动生成一段视频。具体步骤如下：

步骤01 点击【图文成片】按钮，进入如图1-32所示的页面。点击选择【粘贴链接】或【自定义输入】按钮。【粘贴链接】功能是把一段文字的链接复制下来进行粘贴，【自定义输入】功能是指手动输入文字或复制一段文字。

步骤02 这里我们点击【自定义输入】按钮，输入如图1-33所示的一段文字，然后点击【生成视频】按钮，这时软件会自动生成一段视频，如图1-34所示，完成后导出即可。

4．拍摄功能

剪映不仅具有强大的剪辑创作功能，还有拍摄视频的功能，使用剪映拍摄视频，既可以保存到相册，也可以直接导入剪辑，非常方便。点击【拍摄】按钮，进入拍摄视频页面进行拍摄，如图1-35所示。

5．录屏功能

剪映不仅可以拍摄与剪辑视频，还可以录屏，无论手机桌面，还是手机游戏、教学等各类视频都可以通过录屏轻松完成，另外，剪映还支持语音同步录入功能。点击【录屏】按钮，进入如图1-36所示的录屏页面，这时就可以开始录屏了。

图1-32

图1-33

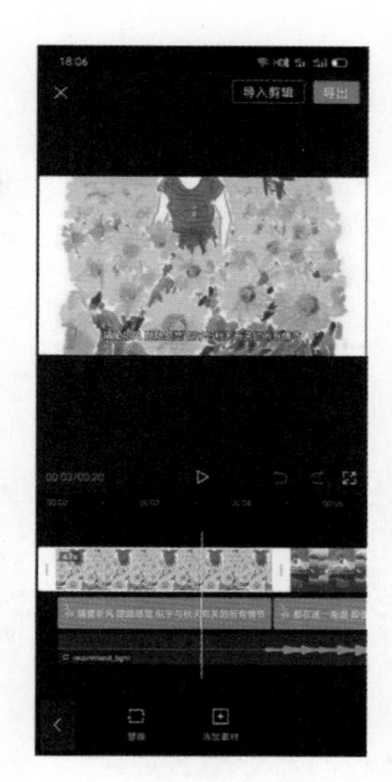

图1-34

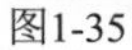

图1-35

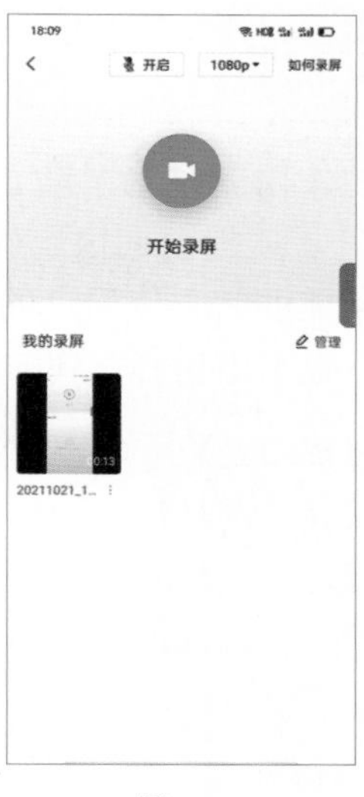

图1-36

6. 创作脚本

剪映的创作脚本功能大大降低了零基础用户的视频制作门槛，深受用户的青睐。创作人员在剪映脚本库中选择想创作的视频类型脚本，按脚本中的拍摄、剪辑、文案等详细步骤即可完成视频的创作。

步骤01 点击【创作脚本】按钮，进入如图1-37所示的页面，这里有很多已经编辑好的脚本，目前，剪映手机版已经上线探店、vlog、美食、旅行、萌宠五个系列的创作脚本，未来还将持续更新。

步骤02 点击【vlog】选项，进入如图1-38所示的页面。

步骤03 选择【用视频记录一天花费】这一主题脚本，如图1-39所示，可以看到脚本的结构介绍。点击页面下端的【去使用这个脚本】按钮，系统将自动生成一个模板页面，我们只需要按照页面上的提示添加标题、台词、图片或视频即可，如图1-40所示。

图1-37

图1-38

图1-39

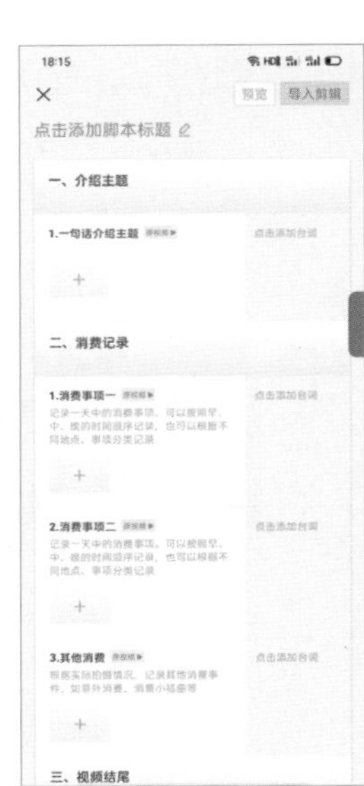

图1-40

7．提词器

提词器的作用就是为了防止忘词，它可以帮助创作者在拍摄视频的同时展示文案内容，创作者只需要把台词内容输入到剪映中，系统就会自动将添加的文案滚动展示在屏幕。提词器功能非常方便用户的创作，特别是有大量文字稿的科普视频的创作，有了提词器，创作者再也不用担心忘词的事情发生了。具体步骤如下：

步骤01 点击【提词器】按钮，进入如图1-41所示的页面。

步骤02 点击【新建台词】按钮，进入如图1-42所示的页面，输入台词标题和内容文字。

步骤03 点击【去拍摄】按钮，进入拍摄状态，可以看到文案会出现在屏幕上面，如图1-43所示。

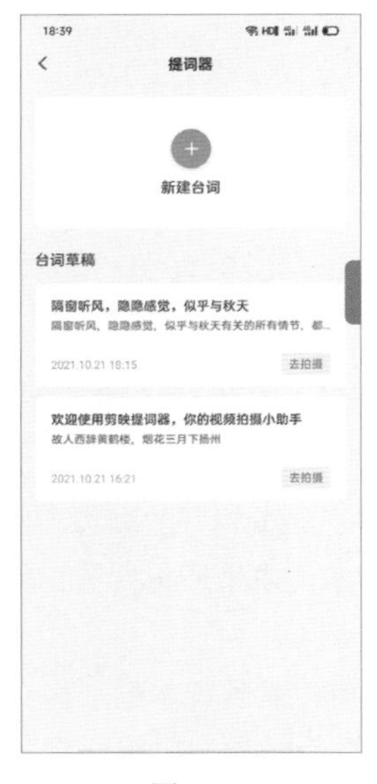

图1-41

图1-42

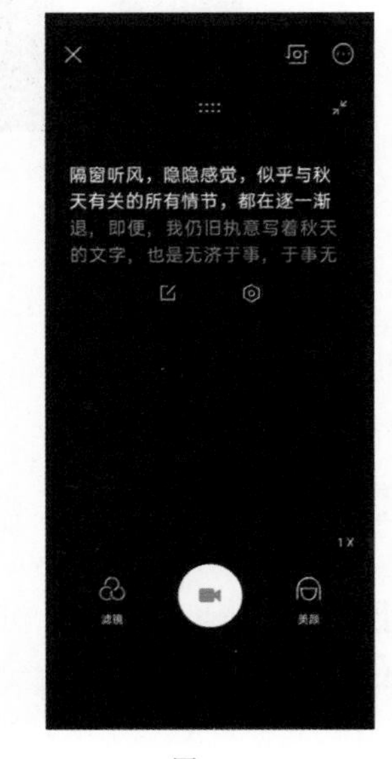

图1-43

003 五分钟熟悉剪映工作界面

剪映App是一款功能强大的手机软件，其简洁大方的界面赢得用户的青睐，下面我们就来详细介绍一下剪映App的常用工作界面。点击手机上的剪映程序图标，即可打开如图1-44所示的剪映页面，这个页面就是剪映的主界面（也秒启动界面）。本节我们介绍剪映的工作界面即指剪映的编辑界面。编辑界面是剪映视频创作的主要工作界面，它是用户创作的主要工作场所。点击【开始创作】按钮，添加一个视频素材，即可进入剪映的编辑工作界面，如图1-45所示。

在编辑界面的最下方是剪映的编辑功能按钮，下面介绍一下这些编辑功能的主要界面。

- 剪辑

点击编辑界面下方的【剪辑】按钮，这时界面的最下方出现很多与视频剪辑相关操作的按钮，如图1-46所示。在这里可以对视频进行分割、变速、音量、动画、删除等基础操作。

- 音频

点击编辑界面下方的【音频】按钮，进入如图1-47所示的音频编辑界面，在这里可以对音频进行各种编辑操作，比如添加音乐、添加音效、版权校验、提取视频中的音乐，以及录音等，另外，还可以收藏抖音中的一些流行的、时尚音乐。

图1-44

图1-45

图1-46

图1-47

- 文字

点击编辑界面下方的【文字】按钮，进入如图1-48所示的文字编辑界面。在这里不仅可以新建文本，使用文字模板，还可以识别字幕、识别歌词、添加贴纸等。剪映内置了丰富的文本样式和动画特效，操作简单，输入文字后即可轻松编辑字幕，如图1-49所示。

- 贴纸

点击编辑界面下方的【贴纸】按钮，进入如图1-50所示的贴纸编辑界面，系统提供了丰富的各类贴纸，可以对视频添加一些贴纸效果。比如，给视频添加一些与视频主题相符的图标、文字、表情符号等贴纸效果，以达到烘托气氛、丰富画面，以及增加趣味性等效果。

- 素材包

点击编辑界面下方的【素材包】按钮，进入如图1-51所示的页面。系统提供了很多种类的素材，比如情绪、vlog、旅行、美食、时尚等素材，方便用户使用。

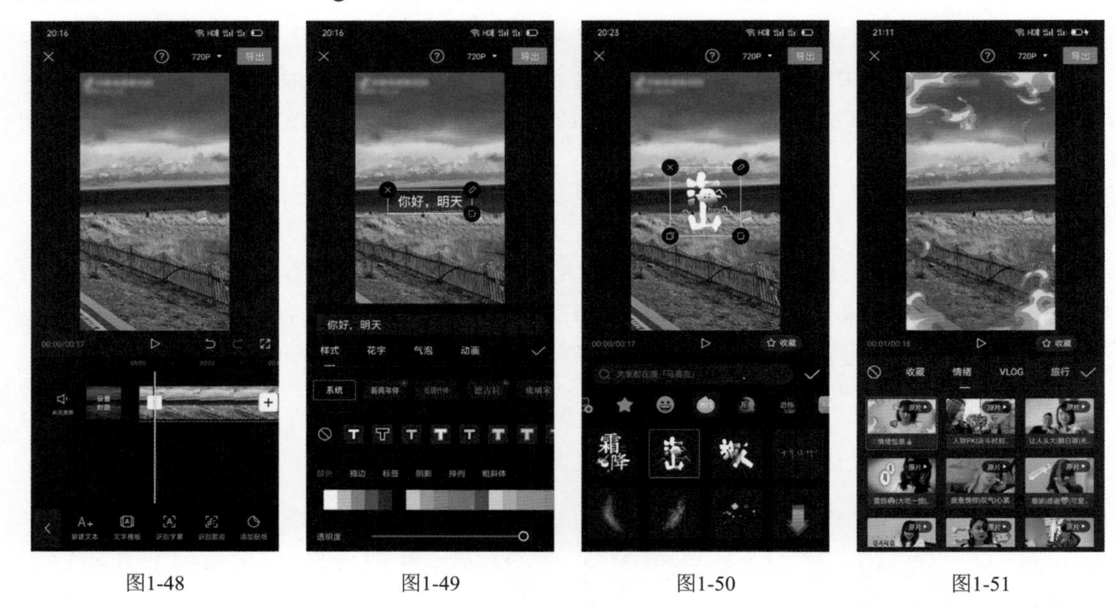

图1-48　　图1-49　　图1-50　　图1-51

- 画中画

点击编辑界面下方的【画中画】按钮，进入如图1-52所示的页面，点击【新增画中画】按钮，进入如图1-53所示的添加视频页面，添加视频之后就进入如图1-54所示的视频编辑页面，在这里可以对新添加的画中画视频进行编辑处理，比如分割、变速、设置混合模式、制作动画效果等操作，最后让两个视频的画面融合为一个视频。

- 特效

点击编辑界面下方的【特效】按钮，进入如图1-55所示的页面，这里分为【画面特效】和【人物特效】两个选项，剪映提供了16大类画面特效和7大人物特效，共计91种特效供用户选择使用。

图1-52

图1-53

图1-54

图1-55

- 滤镜

点击编辑界面下方的【滤镜】按钮，进入如图1-56所示的页面，在这里可以为视频添加一些滤镜。剪映内置了10种不同风格的滤镜，可以满足大多数视频场景下的使用需求。

- 比例

点击编辑界面下方的【比例】按钮，进入如图1-57所示的页面，这里提供了多种画幅比例供用户选择，用户可以根据需要选择一个比例即可。其中，“原始”表示保持该视频原来的画幅比例；“9:16”是抖音视频的画幅比例；“16:9”是电影画幅比例。

提示 用户也可以直接手动调整视频在屏幕中的大小，使视频尺寸符合我们的需要。

- 背景

点击编辑界面下方的【背景】按钮，进入如图1-58所示的页面。这里可以对画布颜色、画布样式进行设置，也可以对画布进行模糊处理。

提示 剪映将背景默认为视频的画布，如果用户对剪映提供的画布不满意，也可以上传自己设计的图片作为画布。

- 调节

点击编辑界面下方的【调节】按钮，进入如图1-59所示的页面。剪映提供了12种调节视频的功能，包括调节视频的亮度、对比度、饱和度、锐化、高光、阴影、色温、色调、褪色等功能。

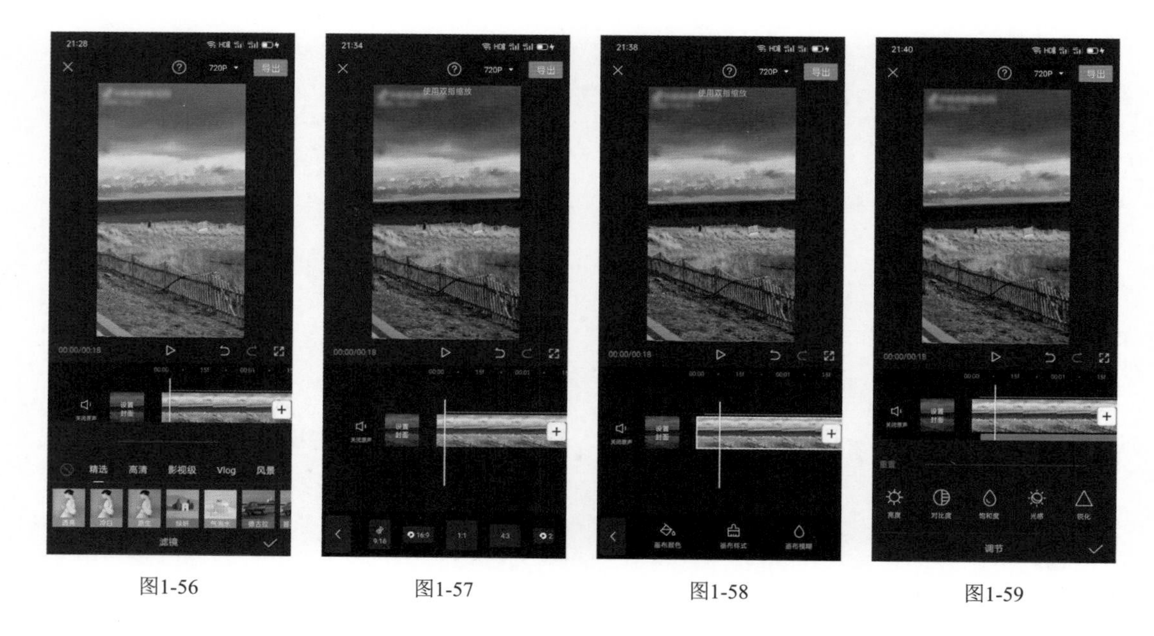

图1-56　图1-57　图1-58　图1-59

004 六步熟悉短视频剪辑流程

虽然很多人都会使用剪映剪辑短视频，但还是有一些人不熟悉短视频的剪辑流程，特别是刚入门的小白。本节将介绍短视频剪辑的流程，掌握从熟悉素材到最终输出合格短视频的全过程，以及短视频剪辑过程中每一步应该做些什么工作。一般情况下，短视频剪辑要经过以下6大步骤。

第 1 步：整理素材

这一步是为短视频剪辑做准备工作，整理素材的主要内容如下：

（1）熟悉素材：当我们拿到拍摄的素材后，一定要把素材整体看1～2遍，熟悉每个素材的内容。

（2）理清剪辑思路：在熟悉素材之后，配合剧本来理清剪辑思路。

（3）分类素材：有了整体编辑思路后，接下来需要对材料进行合理分类，将不同场景的系列快照分类到不同的文件夹中，这样便于后面的编辑和资料管理。

第 2 步：粗剪视频

整理好素材之后，接下来的工作就是对视频素材进行初步剪辑，粗剪视频的主要内容如下：

（1）首先，将需要用到的音频、视频、图片素材添加到剪映App中。

（2）然后，对音视频素材进行分割、剪辑、删除等编辑。

（3）最后，根据脚本对场景进行拼接和编辑，选择合适的镜头对每个场景进行编辑，这样整个短视频的结构剪辑就基本完成了。

第 3 步：精剪视频

在视频的粗剪辑之后，还需要对视频进行一次精细的剪辑。精剪视频的目的在于对视频细节之处进行完善处理。比如，根据脚本和场景来调整视频的节奏和氛围，在不影响情节的前提下，对长而慢的段落进行删减，使视频内容更加紧凑。另外，通过精剪视频还可以进一步升华短视频的情感氛围和主题。

第 4 步：添加音乐和声音效果

对于一个完整的短视频来说，恰当的配乐可以起到加分的作用，配乐是一个短视频的重要组成部分，它不仅体现了短视频的风格，而且对短视频的氛围和节奏有很大的影响。而音效可以使短视频的音质更具层次感和韵律感。

第 5 步：制作字幕和特效

短视频剪辑完成后，为了让短视频更具观赏性，通常还需要在视频中添加字幕，并在短视频的开头和结尾制作特效。

第 6 步：导出短视频

当短视频剪辑完成并保存后，需将编辑制作好的短视频导出。导出短视频时需要做的主要工作如下：

（1）调整短视频画幅比例，如图1-60所示。

（2）设置短视频分辨率和帧率，如图1-61所示。

（3）所有设置完成后，即可导出短视频。

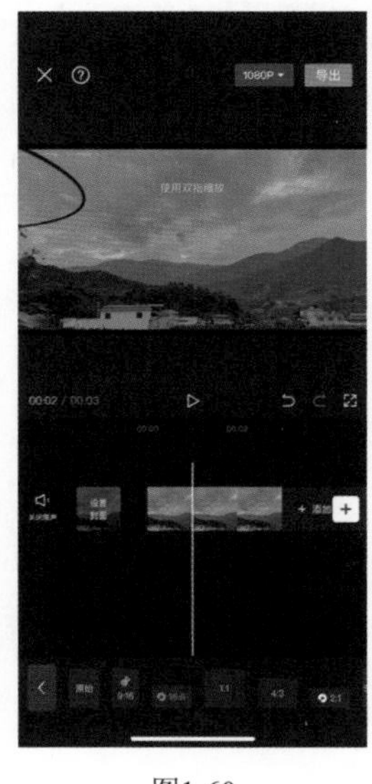

图1-60

图1-61

第 2 章

18种剪辑功能，剪出精彩短片

本章提要

要制作一段精彩的短视频，首先必须熟练掌握视频剪辑的各项基本技能。短视频素材剪辑得好，不仅可以提高视频素材的质量和利用率，而且还可以突出视频的主题。只有掌握了软件的基本剪辑技能，才能运用这些技能编辑制作出精彩的视频片段，比如，快速替换素材、分割视频、旋转视频画面角度、调整视频速度、定格视频精彩画面、去除绿幕背景，等等。本章将详细讲解剪映中最常用的18种剪辑功能，帮助用户剪出精彩短片。

005 导入素材，开启剪辑的第一步

在剪映中剪辑视频，首先第一步就是将视频素材导入到剪映中，然后才能进行后面的剪辑工作。在剪映中导入素材通常有两种方法：一是在【开始创作】页面中导入素材，二是在剪辑时间线中导入素材。下面将介绍这两种导入素材的操作步骤。

1. 在【开始创作】页面中导入素材

在【开始创作】页面中导入素材的操作步骤如下：

步骤01 在剪映的主页面中点击【开始创作】按钮，进入素材选择页面，可以看到页面的最上方分别是【最近项目】、【剪映云】和【素材库】两个选项。如果是安卓手机，在【照片视频】选项下面则显示为【视频】和【照片】，如图2-1所示。

步骤02 可以导入视频或者照片进行剪辑，如果在视频和照片中找不到想剪辑的素材内容，那么点击【最近项目】按钮，在页面中选择其他相册来查找需要导入的素材，如图2-2所示。

步骤03 当然，也可以从剪映自带的素材库中选择需要的素材内容，如图2-3所示。素材库的内容非常丰富，包含很多抖音剪辑中经常使用的片段。

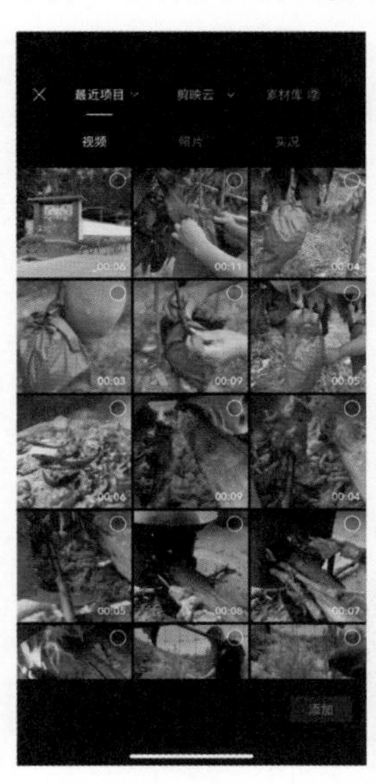

图2-1

图2-2

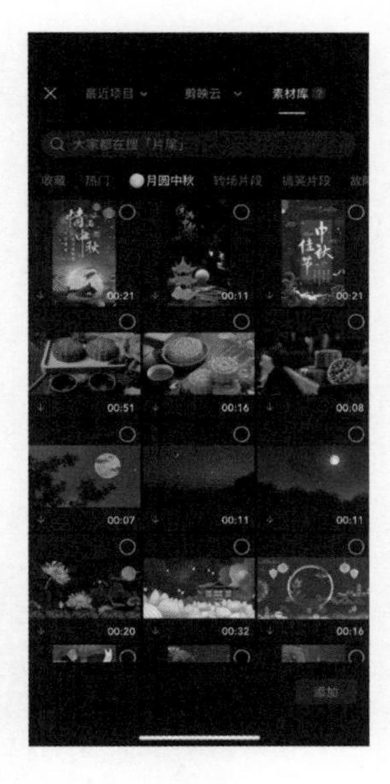

图2-3

步骤04 选中心仪的素材，然后点击页面右下角的【添加】按钮，即可将素材导入剪辑轨道中，如图2-4所示。

> **注意** 如果选中的某段视频比较长，在导入时可以先点击这段素材，这时选中的视频开始播放，并在视频播放页面下出现一个【裁剪】按钮，如图2-5所示。

步骤05 再点击左下角的【裁剪】按钮，进入裁剪页面，拖动视频轨道两边的黄色边框，对素材进行一个裁剪，如图2-6所示，这样就可以让剪辑轨道看起来更加简洁。

图2-4

图2-5

图2-6

“剪映云”是剪映的备份系统，可以将保存在手机上的草稿文件上传至云端保存，如果手机上的草稿文件丢失了，则可以从云端将草稿文件下载到手机上进行编辑。读者也可以直接从“剪映云”中导入素材进行编辑。

提示 部分“剪映云”图标展示在剪映App的“剪辑”页面，部分图标展示在“开始创作”页面。

2. 在剪辑时间线中导入素材

在编辑视频时，如果在剪辑过程中需要在两段视频之间添加素材，这时就可以直接在剪辑时间线中添加素材，其操作步骤如下：

步骤01 在剪辑时间线上，将白色指针对齐两段视频的连接处，如图2-7所示。

步骤02 点击剪辑时间线右侧的【+】按钮，进入素材选择界面，选择需要添加的素材，点击右下角的【添加】按钮，即可将视频素材添加到剪辑时间线中了，如图2-8所示。

图2-7

图2-8

006 使用素材包，一键添加多类素材

剪映App（6.2或6.2以上版本）提供了素材包功能，剪映的素材包就相当于一个视频模板，它是各类素材的组合，它包含了音频、文字、特效、贴纸等多种视频类素材，短视频创作者可以直接使用剪映的素材包来制作具有创意的短视频的片头或片尾，特别适合那些不会制作片头、片尾的小白。

提示 | 如果用户的剪映App没有素材包功能，请将剪映App升级到6.2或者6.2以上版本。

1. 添加素材包

剪映App提供了丰富的素材包，包括情绪、vlog、旅行、美食、时尚等。下面以添加美食素材包为例来讲解如何添加素材包。

步骤01 打开剪映，点击【开始创作】按钮，添加一段素材，点击【添加】，进入音视频编辑页面，如图2-9所示，打开下方的【素材包】按钮，可以看到有情绪、vlog、旅行、美食、时尚等素材包，如图2-10所示。

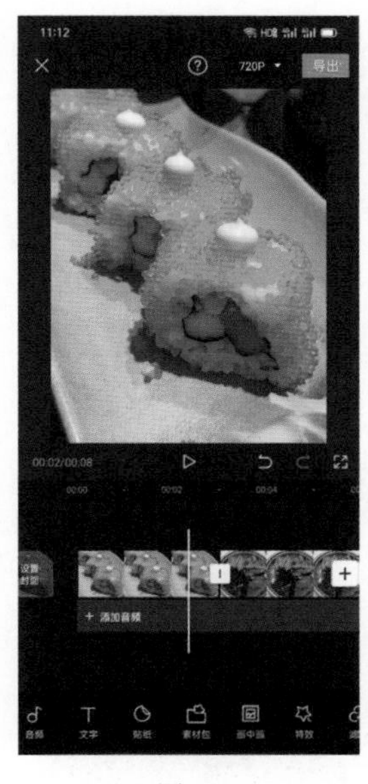

图2-9

图2-10

步骤02 点击【美食】选项，选择一个美食素材包，点击右上角的✓按钮，即可添加该素材包的所有素材，如图2-11所示。

注意 | 要查看其他素材包内容，要先点击【取消】按钮，再点击其他素材包。

步骤03 点击【原片播放】按钮查看效果，如图2-12所示。

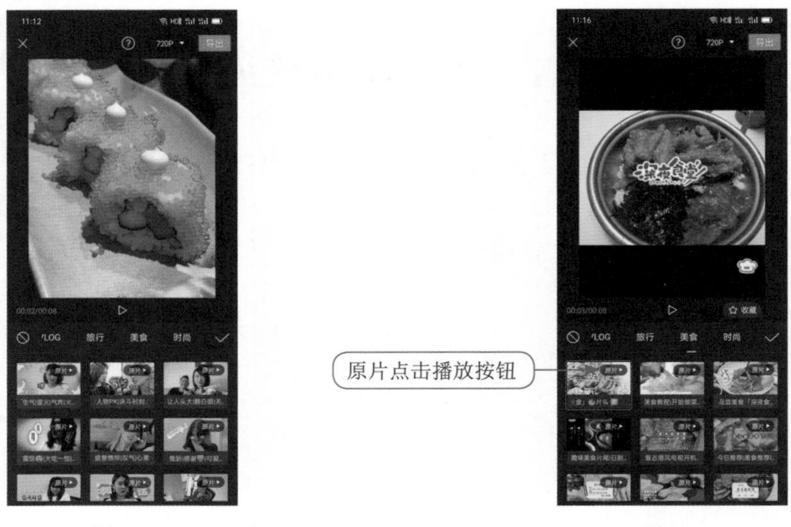

图2-11　　　　图2-12

2．编辑素材包

● 编辑素材包音频

添加素材包后，在编辑页面中，可以对素材包中的视频、文本、音频等素材再次进行编辑，具体操作步骤如下：

步骤01 点击【开始创作】按钮，导入素材，如图2-13所示。

步骤02 点击下方工具栏中的【素材包】按钮，在【旅行】素材包中选择一个素材包并预览，点击✓按钮，如图2-14所示。

图2-13

图2-14

步骤03 回到剪辑页面，如图2-15所示，点击【添加音频】，由于刚刚使用了素材包，这时音频轨道上就会出现素材包中自带的音乐，如图2-16所示。

步骤04 这时就可以对音频进行编辑了，选中音频轨道中的音乐，然后点击下方工具栏中的【删除】按钮即可删除音乐，如图2-17所示。

图2-15

图2-16

图2-17

步骤05 删除素材包中的音乐之后，页面如图2-18所示，点击【音乐】按钮，进入“添加音乐”页面，如图2-19所示。

步骤06 选择合适的音乐后，点击【使用】按钮，素材包中的音乐就换成了新的音乐了，如图2-20所示。

图2-18

图2-19

图2-20

- **编辑素材包文字**

步骤01 点击图2-20所示中的《按钮，回到最初编辑页面，如图2-21所示。

步骤02 点击下方工具栏中的【文字】按钮，进入如图2-22所示的页面，这时可以看到素材包中自带的文字出现在字幕轨道上。

步骤03 点击字幕轨道，文字处于编辑状态，这时就可以编辑文字了，如图2-23所示。

步骤04 编辑完成后点击《按钮，回到最初的编辑页面，如图2-24所示。

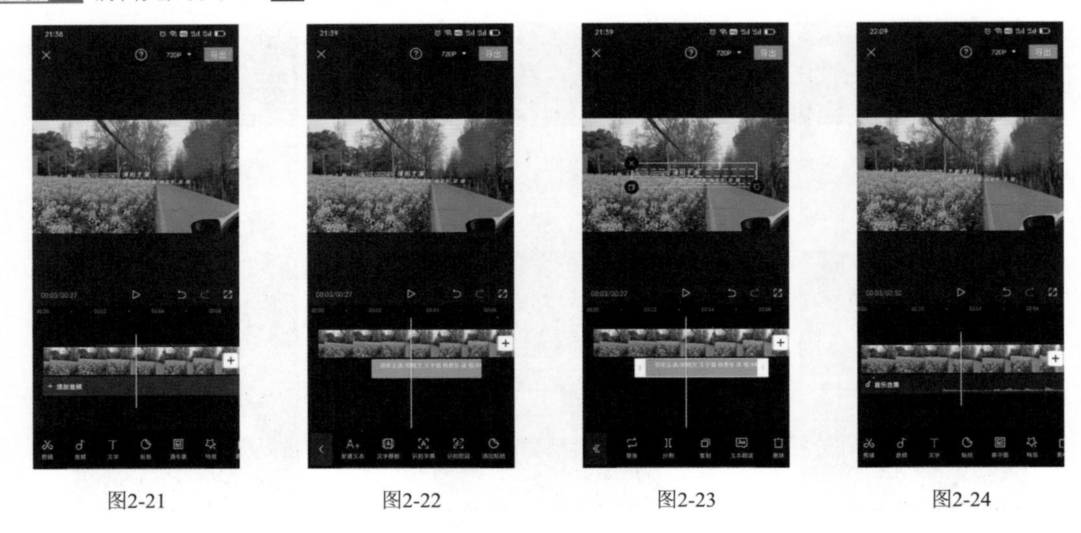

图2-21　　图2-22　　图2-23　　图2-24

007 替换素材，换掉不好的素材

在制作短视频过程中，为了让制作效果更加完美，使用剪映可以轻松地换掉不好的视频素材。在剪映中替换视频素材有以下两种方法。

方法 1：替换成自己准备的素材

步骤01 打开剪映App，在视频剪辑轨道上选中想要替换的素材，在编辑页面下方的工具栏中找到【替换】按钮，如图2-25所示。

步骤02 点击【替换】按钮，在素材页面中选择想要替换的素材，如图2-26所示。

步骤03 在替换页面中预览替换素材的效果，如图2-27所示。

步骤04 点击页面右下角的【确认】按钮，完成素材的替换，如图2-28所示。

注意 替换的视频素材的时长必须比原视频的时长长，这样才能完成替换。

方法 2：替换成剪映备选的素材

点击【替换】按钮之后，再点击【素材库】选项，然后在素材库中选择相应的素材。也可以在搜索框中输入关键词搜索相关素材，如图2-29所示。

另外，如果要将素材替换成表情包，则在点击【替换】按钮之后再在搜索栏里面搜索表情包，选择适合的表情，如图2-30所示。

提示 有的手机点击【替换】按钮后会出现【最近项目】、【图片素材】、【表情包】三个选项。其中，【最近项目】是指最近剪辑过的素材列表，在这里可以替换成自己的素材。

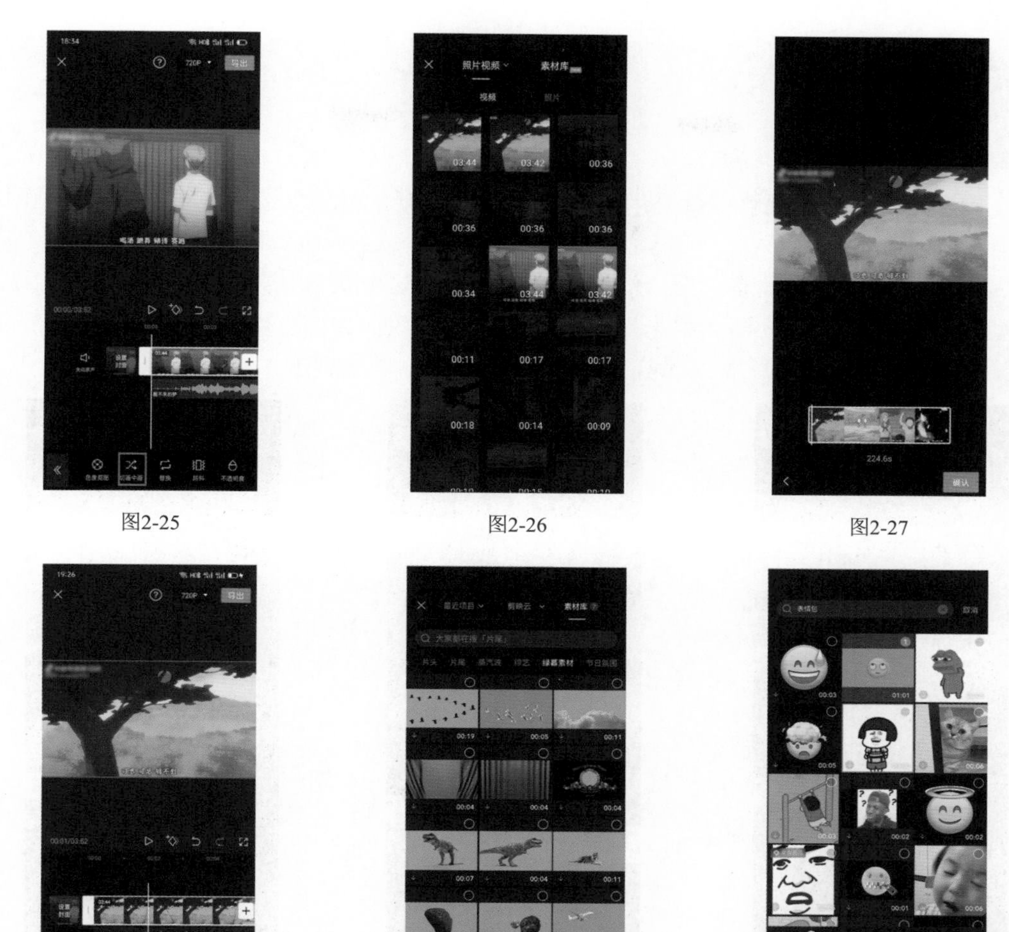

图2-25　　图2-26　　图2-27

图2-28　　图2-29　　图2-30

008 认识剪辑轨道，了解轨道要点

剪映的剪辑轨道包括视频轨道、音频轨道、文本轨道、贴纸轨道和特效轨道等，视频的剪辑操作都在剪辑轨道中进行。

1. 视频轨道

在剪映App中，视频轨道就是用来放置和编辑视频素材的轨道，点击剪映主页面中的【开始创作】按钮，导入一段视频，进入视频编辑页面，可以看到，视频素材所在轨道为视频轨道，如图2-31所示。短视频创作者只能在视频轨道上对视频素材进行分割、复制、删除、调整顺序等编辑操作。

提示 所有视频素材都处于同一个轨道上，也就是说视频轨道只有一个。

2．音频

在剪映App中，音频轨道就是用来放置和编辑音频素材的轨道，点击剪映主页面中的【开始创作】按钮，导入一个视频（照片）素材，进入视频编辑页面，可以看到，视频（照片）所在的轨道下面有一个“添加音频”轨道，这个轨道就是音频轨道，如图2-32所示。点击“添加音频”，即可根据选项添加音乐或音效，如图2-33所示。我们可以在音频轨道上对音频素材进行分割、复制、删除、调整顺序、调整音量大小等编辑操作。

图2-31　　图2-32　　图2-33

可以同时拥有多条音频轨道，如图2-34所示为包含音乐和音效的音频轨道。

3．文本

文本轨道，就是放置和编辑文本的轨道，它可以给视频或图片添加标题等文本，文本轨道也可以有多条轨道，如图2-35所示。

4．贴纸

贴纸就是用来遮住视频上的某些内容，当我们不想让观众看到视频中的某些部位，这时就可以在视频中添加合适的贴纸来遮住不想展示的内容。另外，贴纸也可以用来烘托氛围。贴纸轨道可以有多条，如图2-36所示。

5．特效

当我们给视频素材添加了特效之后，在视频轨道的下方就会自动生成一个特效轨道，特效轨道只有一条，不能添加多条，如图2-37所示。

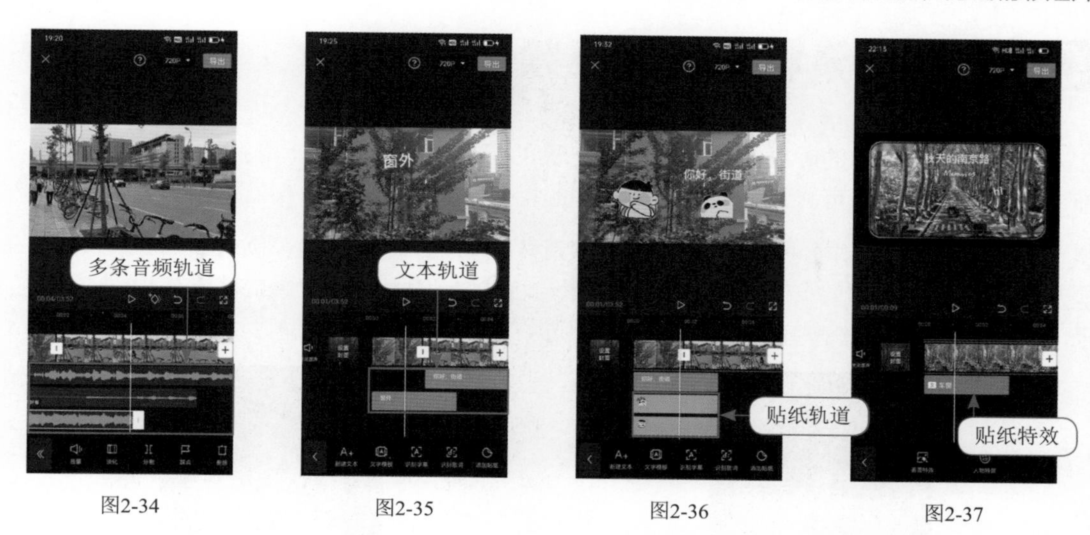

图2-34　　图2-35　　图2-36　　图2-37

009 拖动轨道，快速调整素材时长

在视频编辑操作中，经常会调整音频、视频、文本等素材的时长，以达到视频画面与音频、文本的最佳配合，从而制作出完美的短视频作品。调整素材时长的方法很简单，只要拖动素材所在的轨道即可，其具体操作步骤如下：

步骤01 添加视频素材，如图2-38所示。

步骤02 在视频轨道上选中要编辑的视频，进入视频编辑页面，如图2-39所示。

步骤03 可以看到，视频的前端和末端出现了一个“I”符号，按住前端的“I”符号，然后向后拖动即可缩短视频素材的时长，如图2-40所示。

步骤04 也可以按住末端的“I”符号，然后向前拖动来缩短视频素材的时长，向后拖动即可延长视频的时长，如图2-41所示。

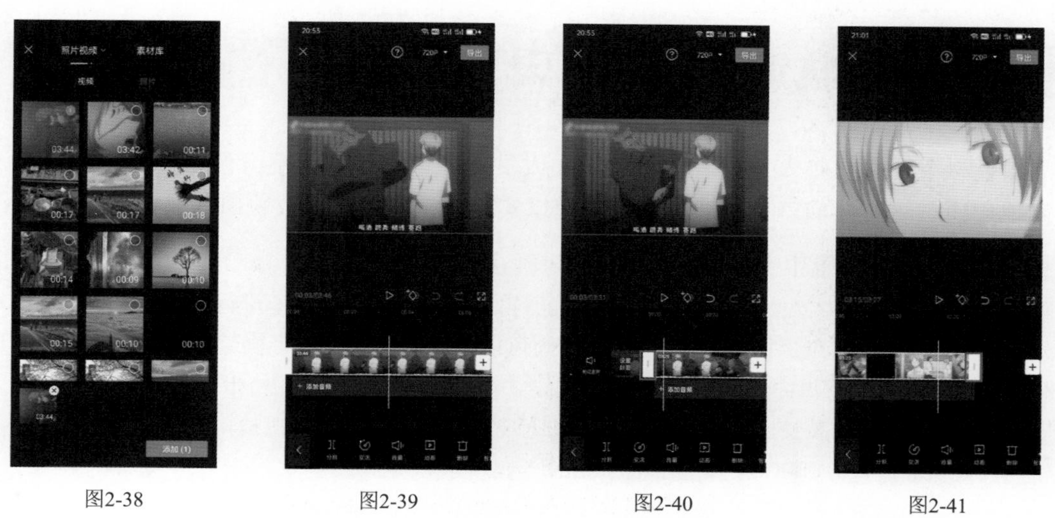

图2-38　　图2-39　　图2-40　　图2-41

010 拖动素材，调整视频素材顺序

当我们剪辑素材的时候想让素材按照自己的想法排列，这时使用手指按住素材并将其拖动到相应的位置即可。调整视频素材顺序的操作步骤如下：

步骤01 点击【开始创作】按钮，添加几段视频素材，进入视频剪辑轨道，如图2-42所示。

步骤02 用手指按住要调整位置的视频素材，然后将其拖动到相应的视频素材后面“I”符号的位置，这样就完成了素材顺序的调换，如图2-43所示。

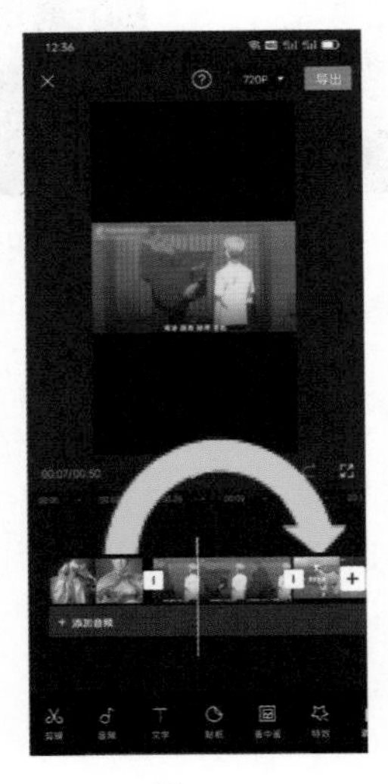
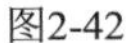

图2-42

图2-43

同理，我们可以用同样的方法调整音频素材、文本素材、贴纸素材和特效素材的顺序。

提示 如果要在分割的两段素材中间添加素材，则在执行分割素材后直接点击素材轨道中的【+】按钮，即可将素材添加到被分割的素材中间。

011 缩放轨道，精确剪辑

如果一个视素材频太长或者太短，创作人员在剪辑时，非常不方便操作，也不能快速精确地剪辑，这时我们就可以通过缩放轨道以实现精确剪辑。缩放轨道的操作方法如下：

步骤01 在剪映的主页面中点击【开始创作】按钮，添加一段视频素材，如图2-44所示。

步骤02 如果视频素材太短，要对视频进行精确剪辑，这时需对视频轨道进行放大。在视频剪辑页面选中视频轨道，双指向两边拉（向远拉），则可以将轨道拉长，即将轨道放大了，这时就可以对视频素材进行精确剪辑操作，如图2-45所示。

步骤03 如果视频素材太长，非常不方便我们浏览观看，这时就可以对视频轨道进行缩小。选中视频轨道，双指向近拉，则可以将轨道缩短，如图2-46所示。

图2-44　　图2-45

图2-46

012 调整比例，让短视频符合平台要求

讲解这个知识点之前，我们先来了解一下有关视频画幅比例的一些基础知识。所谓画幅比例，就是指视频画面的宽度与高度之间的比例，通常用比例号表示，如4:3。手机上常用的画幅比有竖屏9:16（见图2-47）、宽屏16:9（见图2-48）、方形1:1（见图2-49）等。

图2-47

图2-48

图2-49

选择哪种画幅比例拍摄，取决于视频的用途。如果用在演讲时的宽屏投影仪上，则要用宽屏来拍摄；如果用在竖屏的广告牌上播放，则选择竖屏来拍摄；如果用在社交媒体上，则既可以用竖屏来拍摄，也可以用宽屏拍摄，然后可以通过后期调整成所需要的画幅比例。下面就介绍使用手机剪映App来调整短视频画幅比例的方法，具体操作步骤如下：

步骤01 打开剪映，点击【开始创作】按钮，如图2-50所示。

步骤02 进入页面，选择要剪辑的视频，点击【添加】按钮，如图2-51所示。

步骤03 跳转到剪辑页面，点击页面下端的【比例】选项，如图2-52所示。

图2-50

图2-51

图2-52

步骤04 进入【比例】选项页面，可以根据需要选择一个比例选项即可。“原始”表示该视频的原来的画幅比例，如图2-53所示；“9:16”是抖音画幅比例，如图2-54所示；“16:9”是电影画幅比例，如图2-55所示。

图2-53

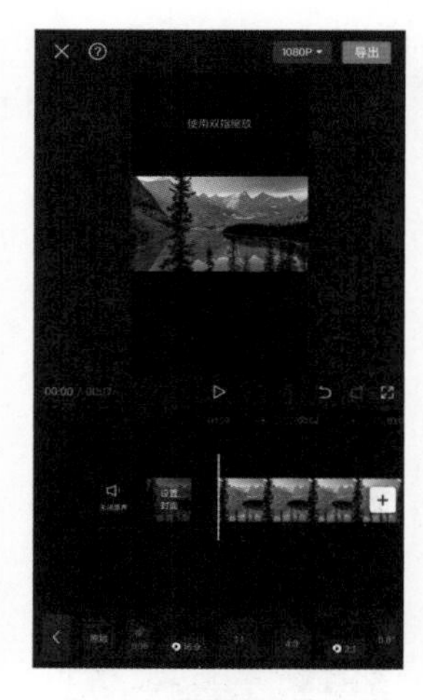

图2-54

图2-55

013 分割视频，删除不要的片段

短视频创作者在编辑视频时，经常会遇到这样的问题：视频中有不想要的片段怎么办？视频长段和音乐长短不匹配怎么办？视频末尾有黑屏怎么办？其实，这些问题很简单，只要将视频中不需要的内容分割出来，然后进行删除即可，具体操作步骤如下：

步骤01 点击【开始创作】按钮，选择需要剪辑的视频素材，点击右下角【添加】按钮，进入视频剪辑页面。

步骤02 点击【音频】按钮，添加一段音乐素材，选中视频轨道向左滑，会发现音乐的时间长于视频，导致后半部分没有视频的地方黑屏了，如图2-56所示。

步骤03 这时需要删除多余的音乐，将白色指针对齐视频结尾的位置，选中音乐轨道，点击下方的【分割】按钮，这时我们可以看到音乐分成了两部分，如图2-57所示。

步骤04 在音频轨道上选中多余的音乐，点击【删除】按钮，即可删除多余的音乐，如图2-58所示。

提示 如果想恢复刚刚被删除的音乐，可选中音频，点击尾部往右拉，即可恢复。也可以点击视频轨道上方的撤销按钮或恢复按钮，如图2-59所示。

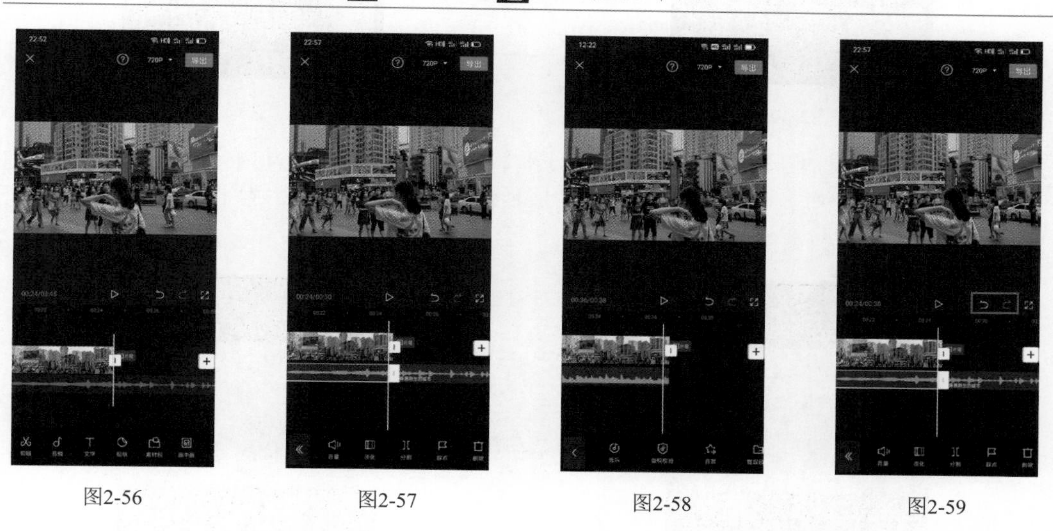

图2-56　图2-57　图2-58　图2-59

014 视频抽帧，满足更多视觉需求

其实，视频是由逐帧播放的单幅画面形成的，而抽帧是指从视频画面中抽出单幅画面，即在不影响视频播放的情况下，删掉视频中的某一幅画面。视频抽帧，简单来讲就是在一段视频中通过间隔一定帧抽取若干帧的方式，模拟每隔一段时间拍摄一幅照片并接合起来形成视频的过程。虽然通过抽帧后的视频显得有点不连贯，但抽帧可以有效防止视频被其他人搬运使用。使用手机剪映App对视频进行抽帧非常简单，其具体步骤如下：

步骤01 打开剪映App，点击【开始创作】按钮，如图2-60所示。

步骤02 选择需要剪辑的视频，点击【添加】按钮，如图2-61所示。

步骤03 在视频轨道上两只手指按住中间，然后向外拉，直至出现如5f、10f……25f、26f等字样。点击左下角的【剪辑】按钮，如图2-62所示。

提示 5f、10f中的f是指倍率的意思，5f是指5倍，10f是指10倍。将轨道放大是为了方便我们准确选择要抽取视频中某帧的画面。

图2-60

图2-61

步骤04 选取轨道上要抽帧的时间点，点击【分割】按钮，将要抽取的画面分割出来（这里我们进行两次分割操作），然后在编辑页面中选择需要抽帧的图片，最后点击右下角的【删除】按钮，即可对视频进行抽帧操作，如图2-63所示。

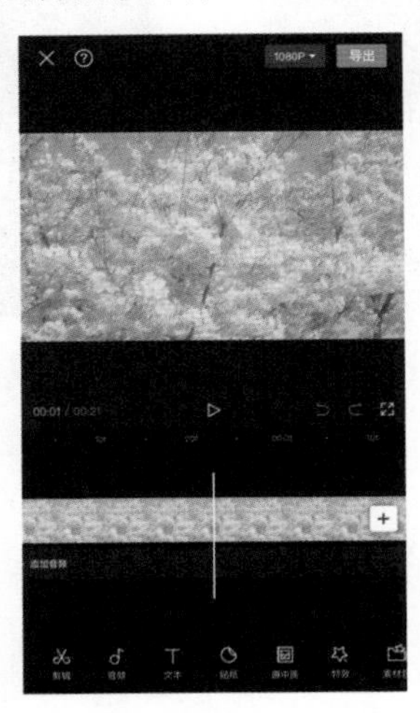

图2-62

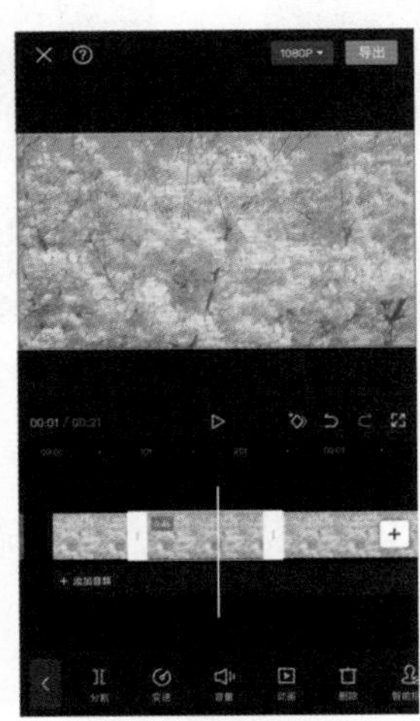

图2-63

> **提示** 一些初学者容易把视频抽帧效果与延时摄影、低速摄影混为一谈，抽帧是一种视频后期处理，而延时摄影、低速摄影则是一种拍摄手法。

015 旋转功能，调整画面角度

在剪辑素材的过程中，为了让所拍摄的视频画面变得更美观，更适合人们的视觉习惯，这时使用剪映的自由旋转功能，就可以轻松调整视频画面的角度，让视频按照我们想要的画面角度来呈现。自由旋转视频的操作方法如下：

步骤01 在剪映App主页面上点击【开始创作】按钮，导入素材。选中视频轨道上的素材，双指按住视频窗口中的图像，顺时针旋转双指，即可将视频图像按顺时针方向调整视频画面的角度，如图2-64所示。

步骤02 逆时针旋转双指，即可将视频图像按逆时针方向调整视频画面的角度，右旋转视频到合适的位置，如图2-65所示。

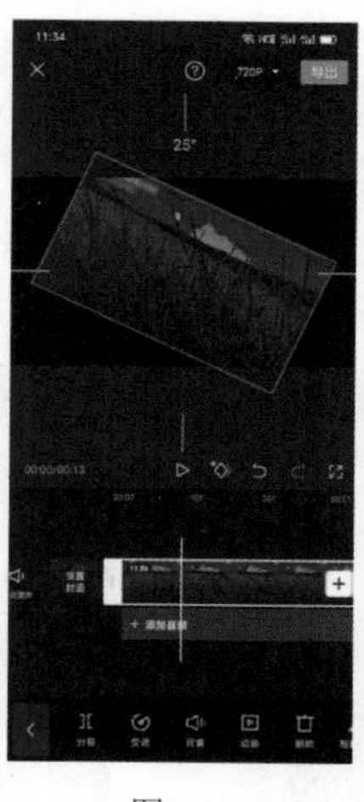

图2-64

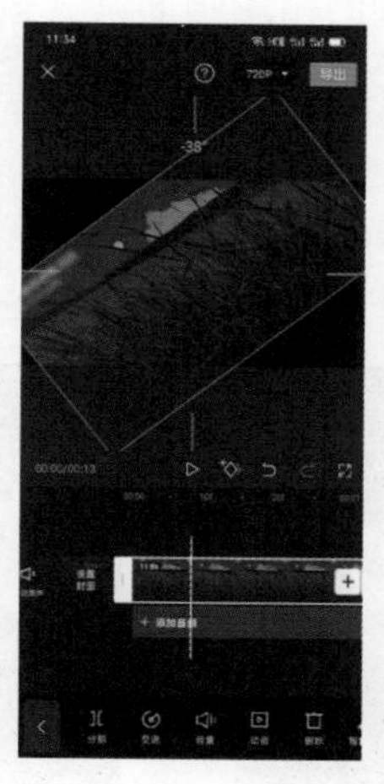

图2-65

提示 如果双指向内拉近，则可缩小视频图像；如果双指向外拉远，则可以放大视频图像。

如果要90°旋转或者镜像视频，可以使用剪映的【编辑】功能中的【旋转】和【镜像】按钮。其具体操作方法如下：

步骤01 打开剪映，导入素材如图2-66所示。

步骤02 选中要变换的视频，点击剪映编辑页面下的【编辑】按钮，如图2-67所示。

步骤03 进入如图2-68所示的页面，点击页面下的【旋转】、【镜像】按钮即可对视频进行相应的操作。

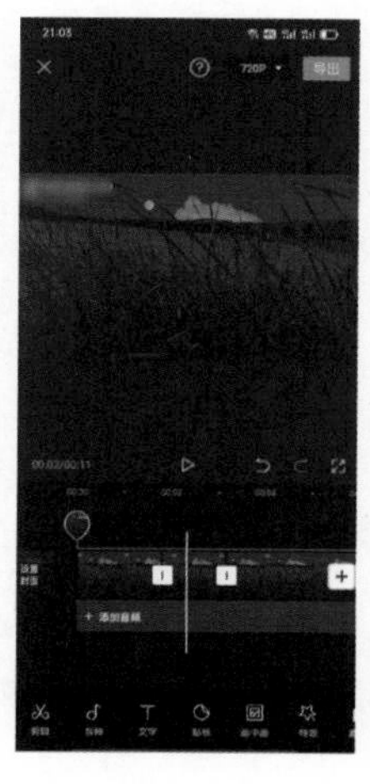

图2-66

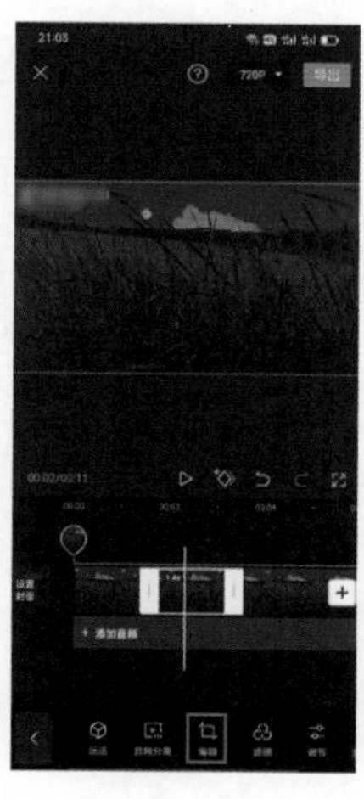

图2-67

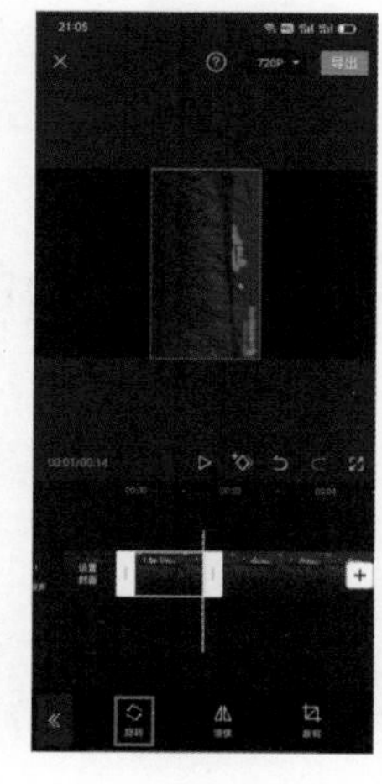

图2-68

016 裁剪功能，留下精彩画面

在视频剪辑中经常会遇到这样的问题：视频尺寸不统一，画面视觉效果不好看，怎么办呢？其实，使用裁剪工具对视频进行适当的裁剪，将影响视频画面的部分内容裁剪掉，即可留下视频的精彩画面，其裁剪步骤如下：

步骤01 点击【开始创作】按钮，点击右下角【添加】按钮，将2个视频添加到轨道中，如图2-69所示。

步骤02 在视频剪辑页面点击视频轨道中的第2段视频素材，再点击页面下方工具栏中的【编辑】按钮（见图2-70），这时编辑页面如图2-71所示。

步骤03 再点击编辑页面上的【裁剪】按钮，进入裁剪页面，如图2-72所示。

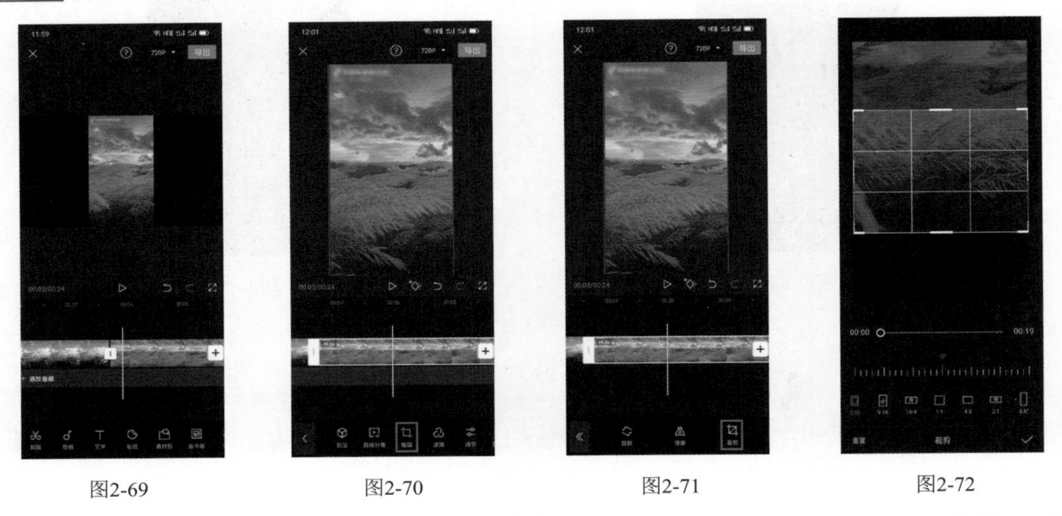

图2-69　　图2-70　　图2-71　　图2-72

步骤04 在裁剪页面的下端有多个裁剪比例选项按钮，如【自由】、【9:16】、【3:4】等。可以根据实际需求选择合适的画面比例，然后手动调节画面尺寸或者选择默认尺寸。最后点击页面右下角的✓按钮，即可对视频画面进行裁剪。

> **提示**　其中【自由】选项可以用手指自由地放大缩小视频和调整视频的角度。其他的比例选项是适合于不同的平台的固定视频尺寸，如【9:16】的抖音尺寸比例，【3:4】的显示器尺寸比例，根据不同平台选择合适尺寸。

017 变速功能，调整播放速度

在视频编辑中，有时需要将视频的部分镜头作加速或减速，即调整一部分视频的速度，这时就可以使用剪映的变速功能即可轻松实现。下面介绍将视频中的部分内容的播放速度变慢的方法。

步骤01 导入视频素材，在剪辑页面的视频轨道上，将时间轴移动到视频要变慢的位置，如图2-73所示。

步骤02 点击编辑页面工具栏中的【分割】按钮，把视频从要变速的位置分割开，如图2-74所示。

步骤03 在视频轨道上点击要变慢的视频片段，在下方工具栏点击【变速】按钮，如图2-75所示。此时进入变速页面，如图2-76所示。

图2-73

图2-74

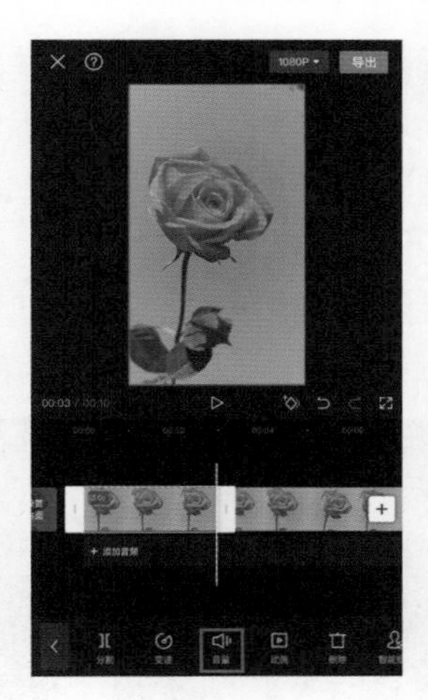

图2-75

步骤04 在变速编辑页面中点击【常规变速】按钮，进入常规变速页面，如图2-77所示。其中，1X表示正常速度，小于1X表示速度变慢，大于1X是速度变快。数值越大，变速越明显，前后视频的速度变化太大，会令视频的反差感觉更强烈。

图2-76

图2-77

步骤05 拖动变速轴上的小红圈调整变速倍数，然后点击右侧的✓按钮即可调整视频的播放速度。

018 定格功能，定格短视频精彩画面

所谓定格，就是将视频画面中的某一帧画面作短暂停留。视频实际上是由一帧一帧的静态图片组成的动态画面，而定格的作用就是把其中的一帧暂时定住让它停下来，然后编

辑这帧的效果，通常用于重点突出这个画面。比如，在视频中介绍一些商品时，让这些商品在讲解过程中稍作停顿一下，讲解完之后再跳到下一个商品，这就是定格的实际应用。下面学习定格视频的制作方法。

步骤01 打开剪映，点击【开始创作】按钮，添加视频素材文件，在视频编辑页面中，将时间轴上的白色指针与视频要定格的位置对齐，如图2-78所示。

步骤02 选中视频素材，在下方工具栏中找到【定格】按钮，如图2-79所示。

步骤03 点击【定格】按钮，可以看到被选中的这一段单独定格出来了，如图2-80所示。

步骤04 从开头播放视频，如图2-81所示，可以看到当视频播放到被定格的视频时，视频画面做了相应的停顿，停顿之后再播放后面的视频内容。

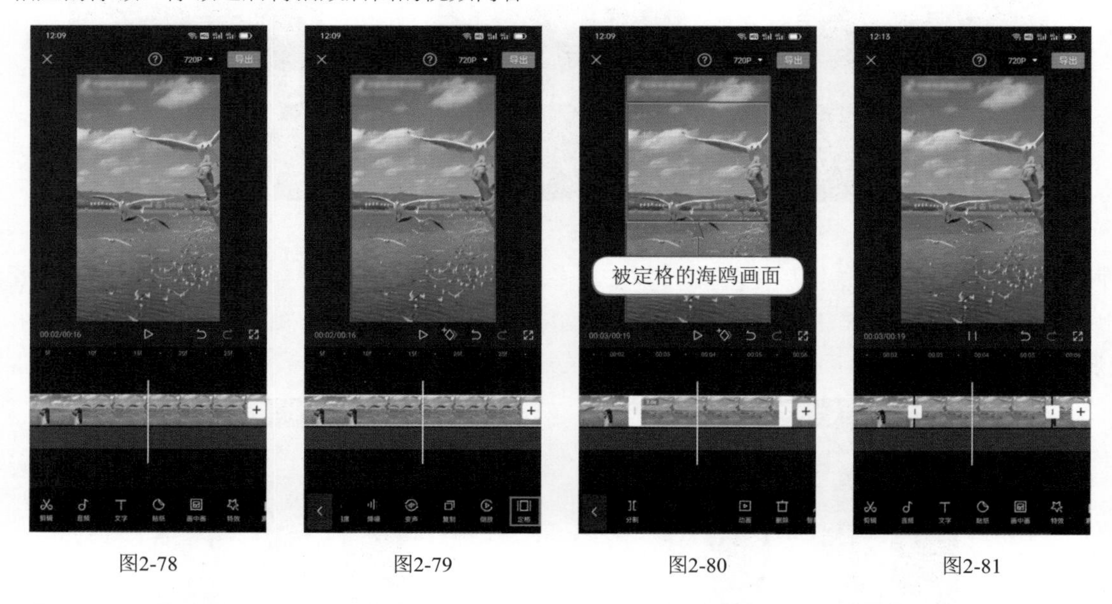

图2-78　图2-79　图2-80　图2-81

提示｜【提示】我们可以根据自己的需求调节和编辑定格视频的时长。通常根据视频的鼓点（就是卡点）位置来设置定格，这样编辑出来视频的节奏感更强，画面看起来也会更加炫酷。

019 倒放功能，倒播短视频画面

大家经常在网络上看到有一类精彩的视频，并没有经过一些复杂的剪辑，只是设置了倒放效果就让观众眼前一亮。下面就来学习如何实现视频的倒放效果，其具体操作步骤如下：

步骤01 打开剪映，点击【开始创作】按钮，导入视频素材，如图2-82所示。

步骤02 为了能对比倒放效果，先复制这段视频。在编辑页面中选中添加的视频素材，在下方的工具栏中点击【复制】按钮，复制这段视频，如图2-83所示。

步骤03 点击工具栏中的【倒放】按钮，这时系统自动生成倒放视频，如图2-84所示。

图2-82

图2-83

图2-84

步骤04 现在来对比两段视频，点击播放键，这时两段视频分别出现不同的播放效果，左侧的原视频中的汽车正常向前行驶，而右侧使用了倒放功能，生成的视频中汽车则是后退，如图2-85和图2-86所示。

图2-85

图2-86

提示 要制作有明显倒放效果的视频，一定要选择画面中有动态主体的视频，无论是动态画面还是画面中有动态主体均可。

020 防抖功能，稳定画面

我们在拍摄视频时，有时会因为拍摄的原因让视频发生抖动，下面来学习一下如何使用剪映的防抖功能来减轻视频的抖动，让视频画面看起来更稳定。

步骤01 点击剪映主页面的【开始创作】按钮，选择要添加的视频素材，点击【添加】按钮即可添加视频素材，如图2-87所示。

步骤02 在剪辑页面中，点击工具栏中的【比例】按钮，设置画面比例为9:16，如图2-88所示。

图2-87

图2-88

步骤03 选中视频轨道上的视频，点击工具栏中【防抖】按钮，如图2-89所示。

步骤04 进入防抖页面，如图2-90所示，页面上有三个参数选项，分别是“无”“裁切最少”“推荐”。

步骤05 选择“推荐”选项，再点击页面右下角的✓按钮即可完成添加防抖功能，如图2-91所示。

图2-89

图2-90

图2-91

021 关键帧功能，制作运动效果

帧是进行视频流媒体制作的最基本单位，一个视频由许多帧组成，一帧就是一幅静态的图片。在视频编辑时，为了表现物体运动或变化时需要用到关键帧，在制作视频时只要确定两个关键帧，软件会自动在两个关键帧之间生成一系列图像来展现两个关键帧的发展变化过程。

在剪映App中，使用关键帧可以把图片做成视频，也可以给视频添加贴纸，然后让贴纸素材运动起来。下面介绍两种运动效果的制作方法。

1．制作照片运动效果

步骤01 点击【开始创作】按钮，选择一幅照片，点击【添加】按钮，进入剪辑页面，如图2-92所示。

步骤02 选中时间轴中的素材，把时间线移动到开始位置，然后点击视频预览画面下的菱形按钮，如图2-93所示。这时，时间轴上素材的前端出现一个红色三角，表示已在视频的开始位置添加了一个关键帧，如图2-94所示。

步骤03 如果不想在视频的开始位置添加关键帧，而想在视频的中间添加关键帧，则点击预览画面下的菱形按钮，即可取消视频开始位置已添加的关键帧，如图2-95所示，菱形左上角回到了最初的加号，然后把视频时间轴移动到中间合适的位置再添加关键帧，如图2-96所示。

图2-92

图2-93

图2-94

图2-95

步骤04 将时间点向右移动到某位置，然后把预览画面中的素材放大，这时剪映自动添加了一个新的关键帧，如图2-97所示。

步骤05 继续向右移动时间点到某位置，然后把预览画面中的素材缩小，这时又添加了一个关键帧，如图2-98所示。

步骤06 至此，照片运动效果制作完成，点击播放按钮播放视频，如图2-99所示。

提示 在编辑视频时必须先选中轨道中的素材，预览画面下方才会出现菱形图标【】。

2．制作贴纸动画效果

步骤01 添加一个视频素材，在编辑页面选中素材，在下方工具栏中单击【贴纸】按钮，如图2-100所示。

步骤02 进入贴纸页面，如图2-101所示，在贴纸素材库中找到一个合适的贴纸，这里选择小仙子，然后点击按钮即可添加贴纸，如图2-102所示。

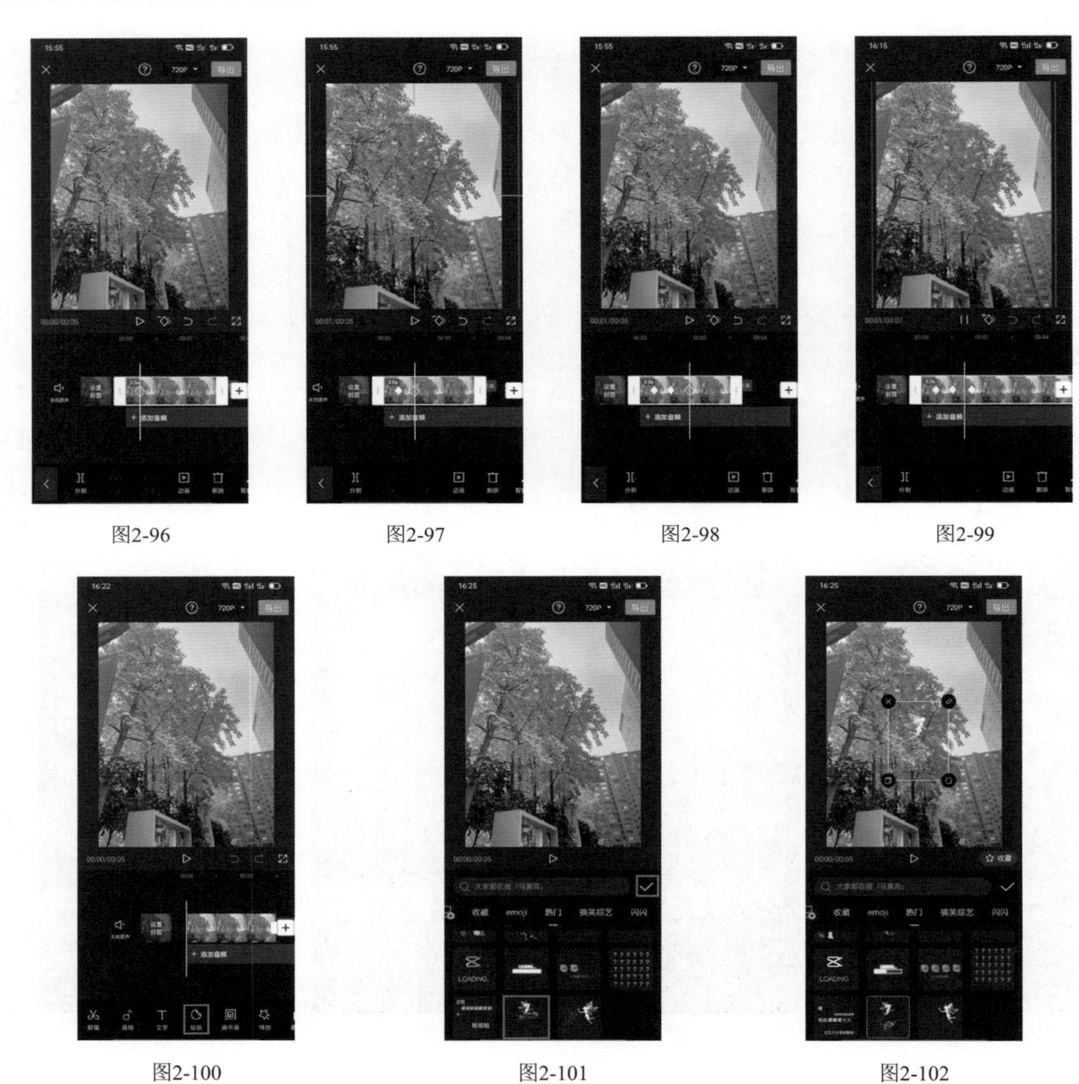

图2-96　图2-97　图2-98　图2-99

图2-100　图2-101　图2-102

步骤03 为了让画面更加自然，我们需要调整贴纸的位置，然后将贴纸拉满整条时间线，如图2-103所示。

步骤04 在视频开始位置将贴纸缩小一点，并向左移动到画面的边缘，如图2-104所示。

步骤05 点击贴纸右上角笔形图标，这时页面下方出现："入场动画""出场动画""循环动画"3个选项，如图2-105所示。

步骤06 这里设置入场动画，点击【入场动画】选项下的【缩小】选项，再点击按钮，如图2-106所示。

步骤07 在视频的开始位置添加关键帧，如图2-107所示。

步骤08 移动时间线到接近中间位置，然后拖动贴纸到预览画面中间，调整贴纸的位置和大小，这时会发现时间线上添加了一个关键帧，如图2-108所示。

步骤09 继续移动时间线到视频的尾部位置，再次调整贴纸的位置和大小，可以看到在尾部位置处也添加了一个关键帧，如图2-109所示。

步骤10 至此，贴纸动画效果制作完成，点击播放按钮▷播放视频，效果如图2-110所示。

图2-103　图2-104　图2-105　图2-106

图2-107　图2-108　图2-109　图2-110

022 色度抠图，快速去除绿幕背景

在编辑视频时，经常会将一个视频素材添加到另外一个视频素材中去，然后两个素材场景进行合并叠加，组成新的场景画面。但如果加入的素材背景有绿幕怎么办呢？下面学习一下色度抠图，快速去除绿幕背景。

步骤01 点击【开始创作】，选择要剪辑的素材，然后点击【添加】按钮，导入素材文件，如图2-111所示。

步骤02 在编辑页面上，点击下方工具栏中的【画中画】按钮，如图2-112所示。

图2-111

图2-112

提示 | 此功能必须是剪映3.0或以上版本才支持。

步骤03 点击【新增画中画】按钮，如图2-113所示，在打开的素材页面中选择要添加的素材，如图2-114所示。然后单击【添加】按钮，进入剪辑页面，如图2-115所示。

图2-113

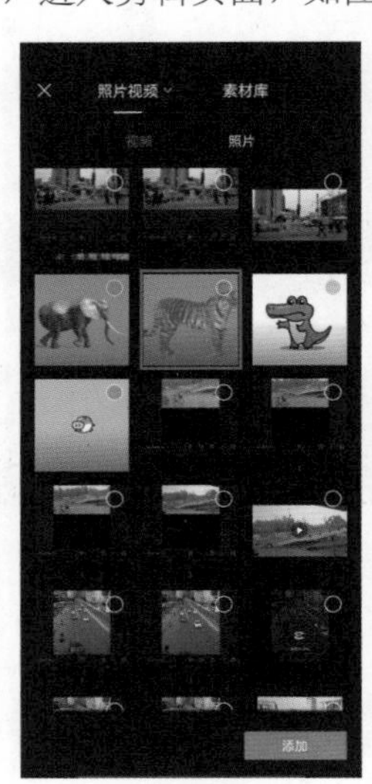

图2-114

图2-115

步骤04 在工具栏向左滑动，点击【色度抠图】按钮，如图2-116所示。

步骤05 在新的页面中出现【取色器】、【强度】、【阴影】三个按钮，如图2-117所示。选择【取色器】按钮，然后用手指拖动预览画面中的圆圈，选中准备消除的颜色，如图2-118所示。

步骤06 点击【强度】按钮，如图2-119所示。拖动强度滑块值直到所选颜色完全抠除为止，如图2-120所示。

步骤07 调整素材的位置和比例大小，让画面看起来更协调，最终效果如图2-121所示。

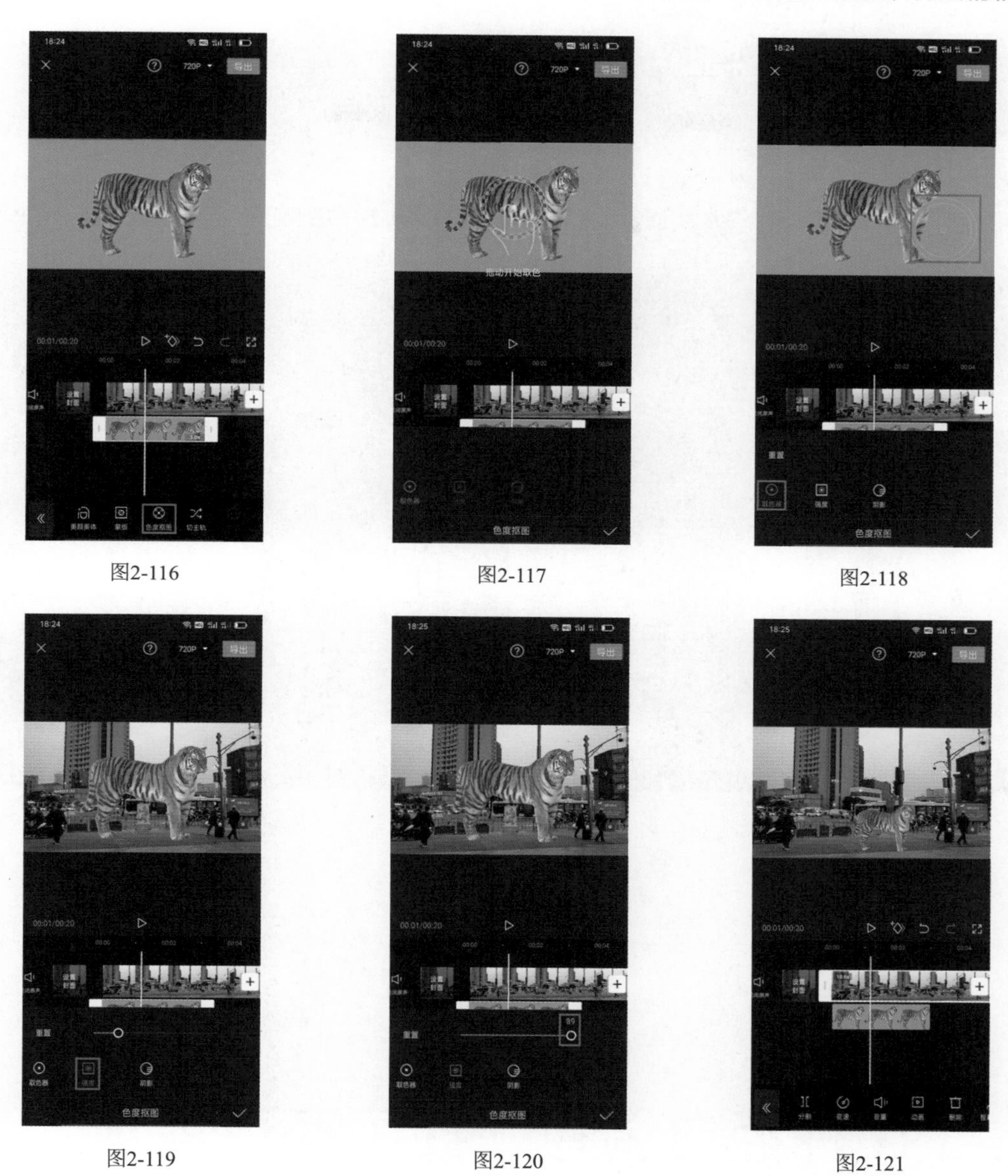

图2-116　图2-117　图2-118

图2-119　图2-120　图2-121

第 3 章

10种经典调色，让画面更美观

本章提要

视频的调色是视频编辑的重要技能之一。视频中很多唯美的画面都是通过后期调色来呈现的，比如霓虹光感效果、蓝色梦幻海景效果、洁白纯净的雪景效果、浪漫的落日效果，以及具有年代烙印的复古色调等。本章将详细讲解剪映中最常用的10种经典调色功能，让视频画面更美观。

023 去掉杂色，让画面更简洁

我们在剪辑视频时不仅要突出画面的主体，而且还要表现出视频主题的艺术感。在剪映中，可以使用调色功能来实现画面的色调视觉效果，以制作出唯美的艺术画面。下面将学习如何使用滤镜中的调节功能去掉杂色，让视频更简洁。

步骤01 打开剪映，导入素材，如图3-1所示。

步骤02 在下方工具栏中点击【滤镜】按钮，如图3-2所示，点击【风景】选择“绿妍”，如图3-3所示，再点击✓按钮。

图3-1

图3-2

图3-3

步骤03 点击《按钮返回到初始剪辑页面，在下方工具栏中点击【调节】按钮，如图3-4所示，进入参数调节页面。

步骤04 将亮度调为10，饱和度调为12，如图3-5和图3-6所示。

图3-4

图3-5

图3-6

步骤05 将锐化调为25，高光调为6，如图3-7和图3-8所示。将色调调为28，最后点击✓按钮，如图3-9所示。

图3-7

图3-8

图3-9

步骤06 可以看到调节效果出现在第二个轨道上面，如图3-10所示。然后把这两个特效轨道与视频轨道对齐，去杂色视频制作完成，效果如图3-11所示。

图3-10

图3-11

024 暗调调色，打造电影质感

暗色系的画面会给人一种遐想的空间，通常出现在电影画面中。通过剪映滤镜中的暗调调色功能，也可以将自己的素材打造成出电影质感的效果，其具体操作方法如下：

步骤01 打开剪映，导入素材进入剪辑页面，如图3-12所示。

步骤02 在下方工具栏中点击【滤镜】按钮，选择“黑白”菜单下的“黑金滤镜”选项，如图3-13所示。

步骤03 点击✓按钮，返回到初始剪辑页面，点击【画中画】按钮，如图3-14所示。

图3-12

图3-13

图3-14

步骤04 添加一幅纯黑色图片，如图3-15所示，可以根据具体需求选择把黑色图片素材轨道拉到合适的长度（这里拉到与视频长度相同），如图3-16所示。

步骤05 在下方工具栏中点击【混合模式】按钮，在“混合模式”页面中选择“柔光”选项，如图3-17所示。

步骤06 点击《按钮返回到初始剪辑页面，点击下方工具栏中的【调节】按钮，如图3-18所示。

图3-15

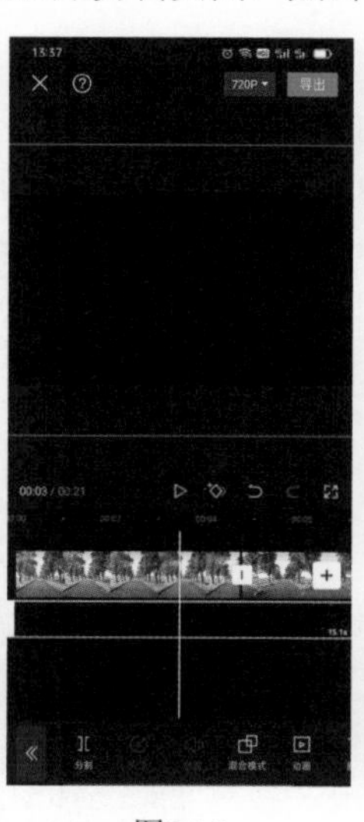
图3-16

图3-17

图3-18

步骤07 进入“调节”页面，点击【饱和度】选项，并将其值调到-50，如图3-19所示。

步骤08 然后点击✓按钮，可以看到滤镜特效添加到特效轨道上，如图3-20所示，这样电影暗调就做好了。

步骤09 最后将添加的滤镜特效调整到与视频轨道长度同步，点击播放按钮▷，就可以看到制作的电影暗调效果，如图3-21所示。

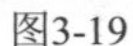

图3-19

图3-20

图3-21

025 光影色调，打造魔幻效果

我们经常在电影或者短视频中看到一些魔幻的光影效果，那么知道是如何制作的吗？下面我们学习一下如何使用剪映的光影色调制作魔幻的光影效果，其操作步骤如下：

步骤01 打开剪映，导入视频素材，如图3-22所示。因为制作光影特效，所以需要选择一段带有阳光的视频。

步骤02 在视频中的阳光场景处将视频进行分割，把视频分割成2段，如图3-23所示。

图3-22

图3-23

步骤03 点击下方工具栏中的【变速】按钮，然后再点击【常规变速】按钮，将视频速度设置为0.5x，如图3-24和图3-25所示。

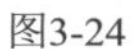
图3-24

图3-25

步骤04 选择前半段视频，在下方工具栏中找到【调节】按钮并点击，如图3-26所示，把对比度和光感调高，让太阳不怎么明显（分别为17和15），如图3-27和图3-28所示。

图3-26

图3-27

图3-28

步骤05 点击✓按钮，返回到初始剪辑页面，选择后半段视频，在下方工具栏中找到【滤镜】并点击，如图3-29所示。

步骤06 在滤镜页面中点击【风格化】按钮，选择“日落橘”选项，调整参数，如图3-30所示。

步骤07 点击✓按钮，返回到初始剪辑页面，点击【特效】→【画面特效】按钮，如图3-31所示。

图3-29

图3-30

图3-31

步骤08 在“画面特效”页面中点击【光影】按钮，选择“丁达尔光线”选项，如图3-32所示。

步骤09 点击✓按钮，进入如图3-33所示的页面。至此，光影魔幻效果制作完成。单击播放按钮▷播放视频，如图3-34所示，就可以浏览光影效果了。

图3-32

图3-33

图3-34

026 赛博朋克，霓虹光感效果

赛博朋克简单概括就是充满科技感、冲击力强而丰富的颜色变换效果。赛博朋克通常是以黑、紫、绿、蓝、红为主搭配色彩风格，它拥有强烈的视觉冲击效果，常见于街头的霓虹灯、标志性广告以及高楼建筑等。下面我们就讲解如何使用剪映制作出具有赛博朋克风格的霓虹光感效果。

步骤01 打开剪映，导入视频素材，如图3-35所示。

步骤02 在下方的工具栏中找到【滤镜】按钮并点击，如图3-36所示。

步骤03 在滤镜页面选择【风格化】→【ABG】选项，如图3-37所示。这时在特效轨道上生成ABG滤镜，如图3-38所示。

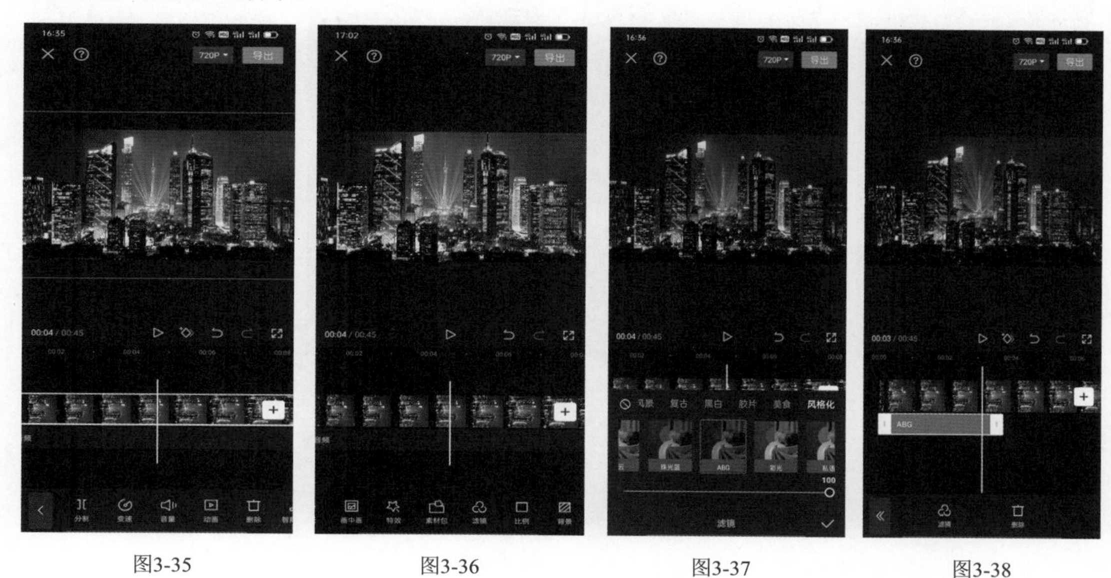

图3-35　图3-36　图3-37　图3-38

步骤04 在工具栏中点击【调节】按钮，如图3-39所示。在“调节”页面设置色温为–50，色调为+50，如图3-40和图3-41所示。

图3-39

图3-40

图3-41

步骤05 根据实际情况调节其他参数，将“亮度”参数调整为15，“对比度”参数调整为10，“锐化”参数调整为20，“暗角”参数调整为100，如图3-42 ~ 图3-45所示。

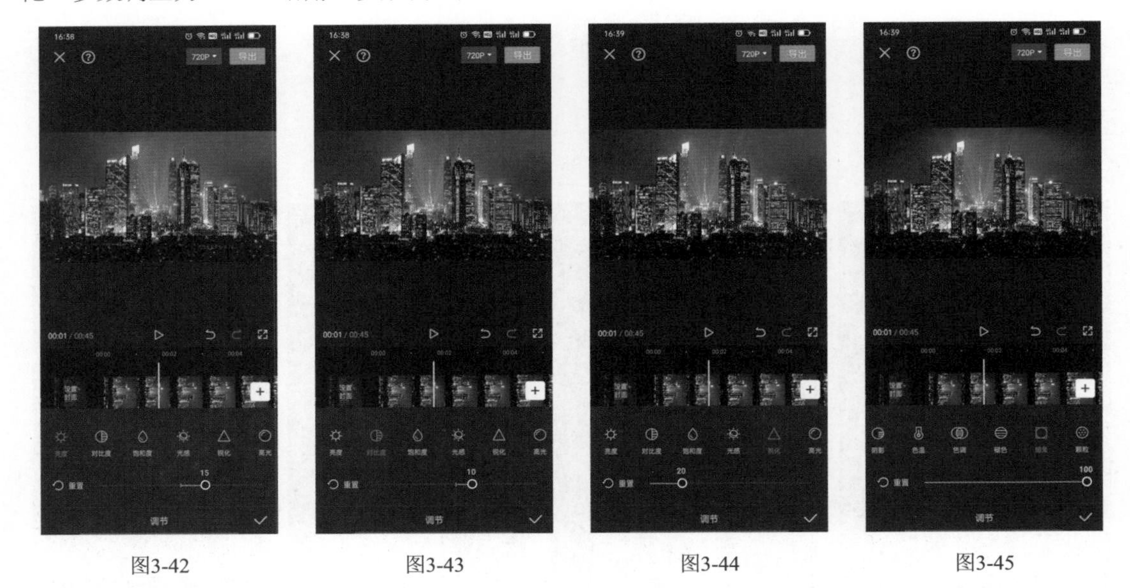

图3-42　图3-43　图3-44　图3-45

步骤06 点击✓按钮，这时特效轨道上面出现了滤镜特效，如图3-46和图3-47所示，根据实际情况调节特效轨道的长度。

步骤07 在不选择素材的情况，点击【滤镜】按钮，在滤镜页面选择【风格化】→【彩光】滤镜，调整“强度”参数为80，这样颜色就比较亮了，如图3-48所示。

步骤08 点击✓按钮，可以看到特效轨道上面出现了调节特效，如图3-49所示。

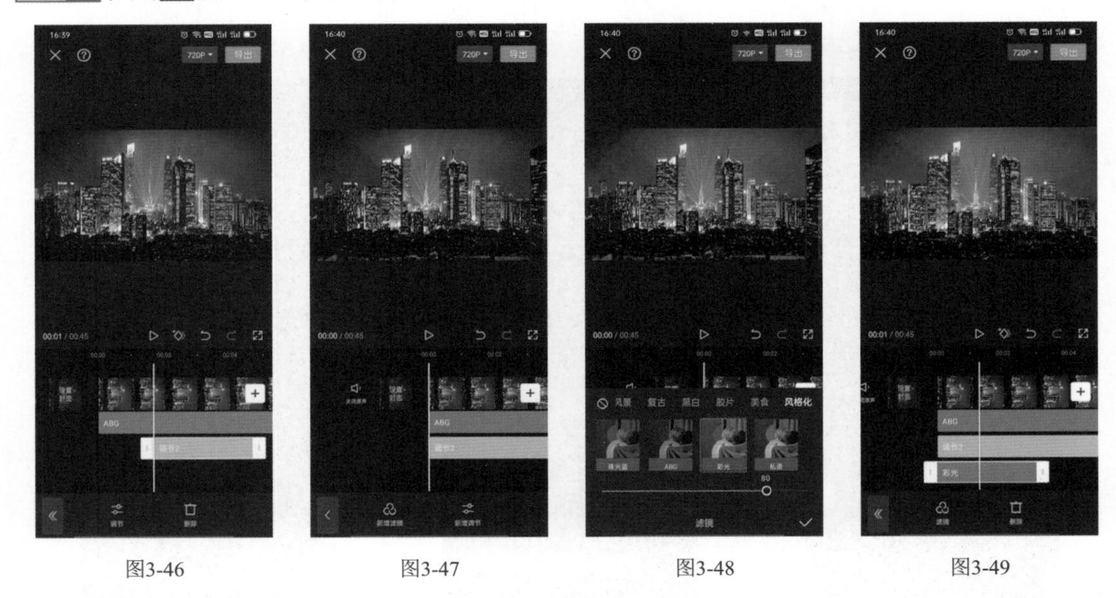

图3-46　图3-47　图3-48　图3-49

步骤09 点击【特效】按钮，再点击【画面特效】按钮，如图3-50和图3-51所示。

步骤10 点击【氛围】→【发光】，加一个发光特效，如图3-52所示。

步骤11 设置参数：调整“滤镜”参数为0，“发光强度”参数为80，赛博朋克颜色风格就制作完成了，如图3-53所示。

图3-50

图3-51

图3-52

图3-53

步骤12 添加提前准备好的一些科技感强的视频素材，并调整视频大小，如图3-54~图3-56所示。

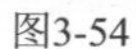

图3-54

图3-55

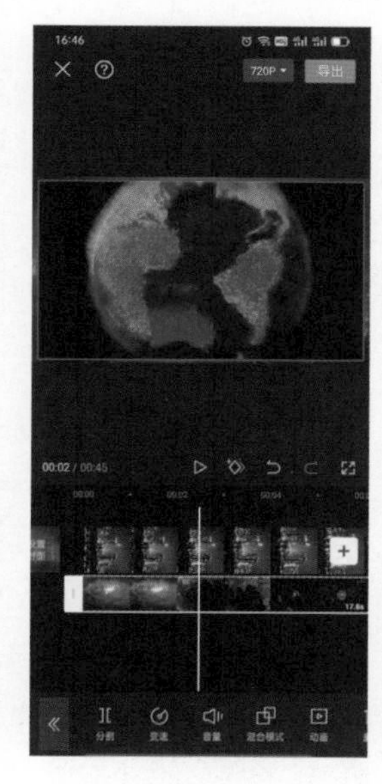

图3-56

步骤13 点击工具栏中的【混合模式】按钮，在“混合模式”页面点击【变亮】按钮，并设置参数，如图3-57和图3-58所示。

步骤14 点击✓按钮，赛博朋克风格的视频就制作完成了，点击播放按钮▷播放视频，如图3-59和图3-60所示。

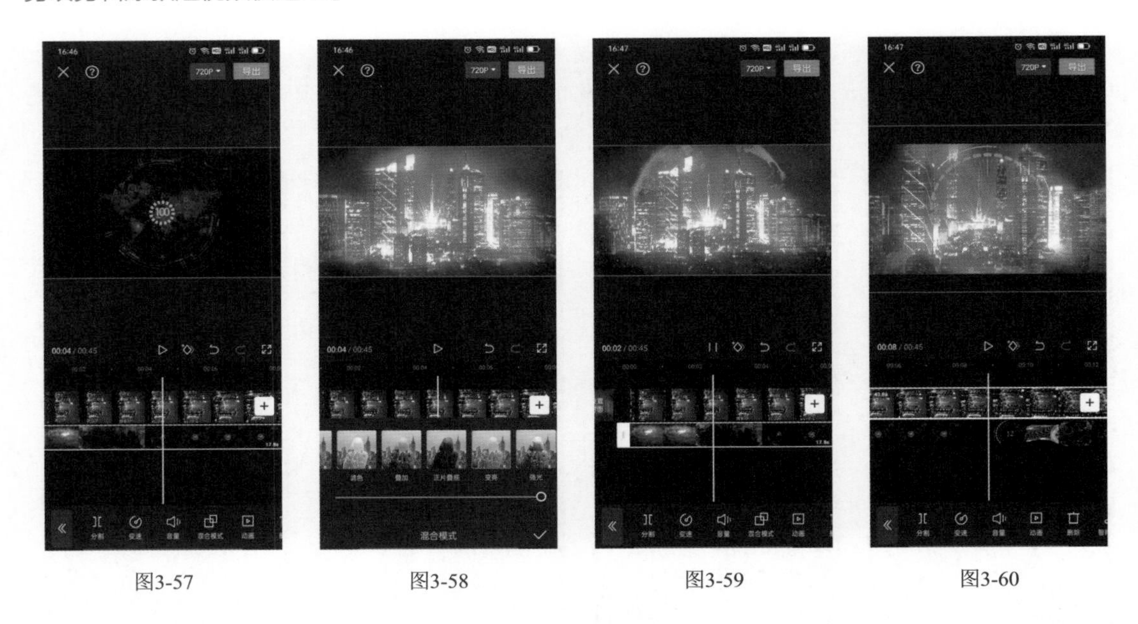

图3-57　图3-58　图3-59　图3-60

027 青橙色调，冷暖对比强烈

近几年来，青橙色调是一种流行于网络的搭配色彩，由于它应用范围广，且后期操作简单，容易出效果，广泛用于风光、建筑、街头等摄影题材。下面讲解一下如何使用手机剪映制作冷暖对比强烈的青橙色调视频。

步骤01 打开剪映，添加素材，如图3-61所示。

步骤02 在下方工具栏中找到【滤镜】按钮并点击，如图3-62所示。

步骤03 在滤镜页面中点击【影视级】→【青橙】，即可添加一个青橙特效，如图3-63所示。

图3-61

图3-62

图3-63

步骤04 在特效轨道中调整特效的长度，如图3-64所示。

步骤05 点击《按钮返回到初始剪辑页面，在素材下方工具栏中找到【调节】按钮并点击，如图3-65所示。

步骤06 在调节页面中设置参数，把“亮度”参数调整为–20，“对比度”参数调整为15，如图3-66和图3-67所示。

图3-64

图3-65

图3-66

图3-67

步骤07 设置“饱和度”参数为17，“光感”参数为7，“锐化”参数为8，如图3-68~图3-70所示。

图3-68

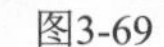

图3-69

图3-70

步骤08 设置“色温”参数为–20，“暗角”参数为18，如图3-71和图3-72所示。

步骤09 点击✓按钮，青橙色调视频就完成了。点击播放按钮▷播放视频，效果如图3-73所示。

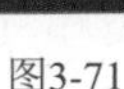

图3-71

图3-72

图3-73

028 雪景调色，洁白纯净效果

我们经常看到洁白的雪景视频，其实实景拍摄的雪景没有那么洁白干净，而是通过后期调整视频的色调才显得整个画面洁白无瑕，给人留下一种唯美的印象。通常情况下雪景大多是灰暗环境色，属于冷色调，需要经过视频编辑软件后期处理，比如增加亮度、饱和度和色温，并降低对比度等。下面就介绍如何使用剪映做出好看的雪景，学习一下雪景调色，以获得洁白纯净效果。具体操作步骤如下：

步骤01 打开剪映，导入准备好的视频，如图3-74所示，选中视频素材，在工具栏中找到【调节】按钮并点击，如图3-75所示。

步骤02 把“对比度”参数调整为–12，“饱和度”参数调整为12，如图3-76和图3-77所示。

图3-74

图3-75

图3-76

图3-77

步骤03 把“锐化”参数调整为15，“色温”参数调整为15，如图3-78和图3-79所示，然后点击✓按钮。

步骤04 至此，雪景调色就完成了，点击播放按钮▷播放视频，就可以浏览雪景调色视频的效果，如图3-80所示。

图3-78

图3-79

图3-80

029 海景调色，蓝色梦幻效果

一提到海景，就想到那蓝色梦幻的大海。下面学习如何使用剪映制作蓝色梦幻效果的海景调色。具体操作步骤如下：

步骤01 打开剪映，导入准备好的视频，如图3-81所示，选中视频素材，在工具栏中找到【调节】按钮并点击，如图3-82所示。

图3-81

图3-82

步骤02 把“亮度”参数调整为15，“对比度”参数调整为-6，如图3-83和图3-84所示。

步骤03 把“饱和度”参数调整为-7，“光感”参数调整为11，如图3-85和图3-86所示。

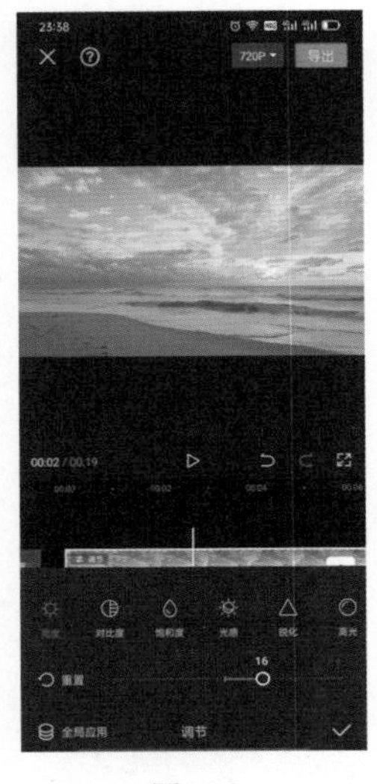

图3-83

图3-84

图3-85

步骤04 把“锐化”参数调整为17，“色温”参数调整为15，如图3-87和图3-88所示。

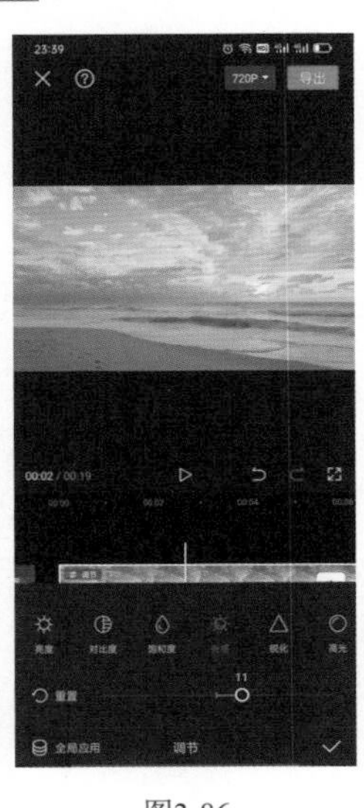

图3-86

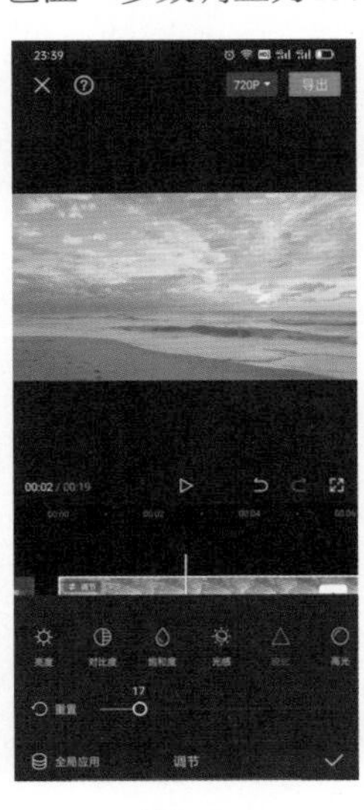

图3-87

图3-88

步骤05 回到初始剪辑页面。点击【画中画】按钮，如图3-89所示，点击【新增画中画】按钮，如图3-90所示，添加蓝色图片，如图3-91所示。

步骤06 此时，视频轨道下方增加了图片轨道，如图3-92所示，将图片轨道的长度调整到与视频轨道的长度相同，如图3-93所示。

步骤07 点击【混合模式】按钮，如图3-94所示，将“混合模式”设置为“叠加”，根据需要调整其参数，如图3-95所示。至此，完成了梦幻的海景调色效果，点击播放按钮▷播放视频，视频如图3-96所示。

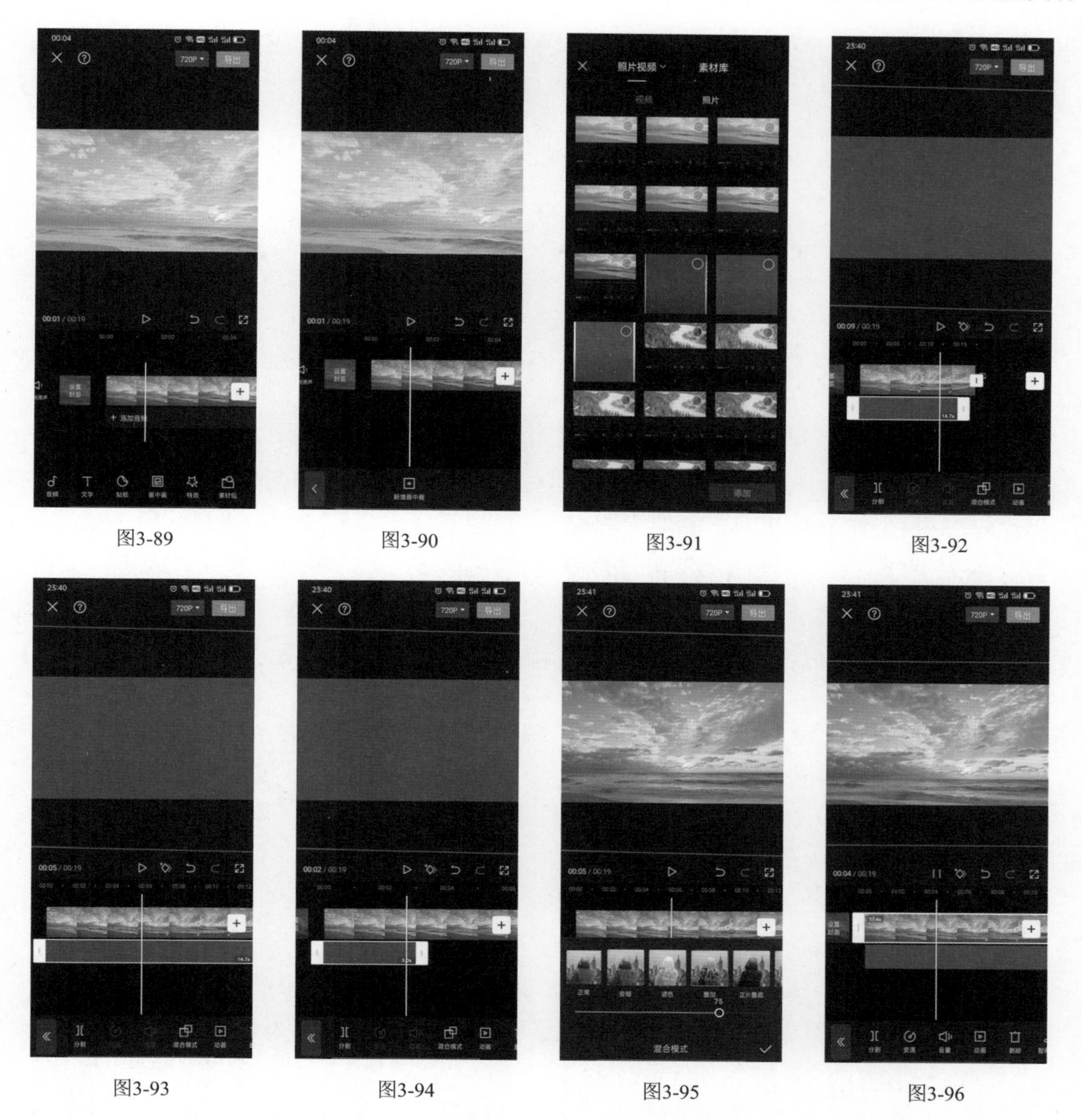

图3-89　图3-90　图3-91　图3-92

图3-93　图3-94　图3-95　图3-96

030 日落色调，唯美浪漫效果

很多旅游爱好者，都喜欢拍摄日落美景视频。让我们对日落视频进行适当的调色，就可以制作出一种唯美浪漫的日落效果，令人神往。下面将介绍如何使用剪映的调色功能制作唯美浪漫的日落效果。具体操作步骤如下：

步骤01 打开剪映，导入准备好的视频，如图3-97所示。

步骤02 选中视频素材，点击工具栏中的【滤镜】按钮，如图3-98所示。

步骤03 点击【复古】→【花椿】按钮，如图3-99所示。

步骤04 点击✓按钮，回到最初剪辑页面，这时可以看到视频轨道下面的特效轨道上出现了【花椿】效果，如图3-100所示。

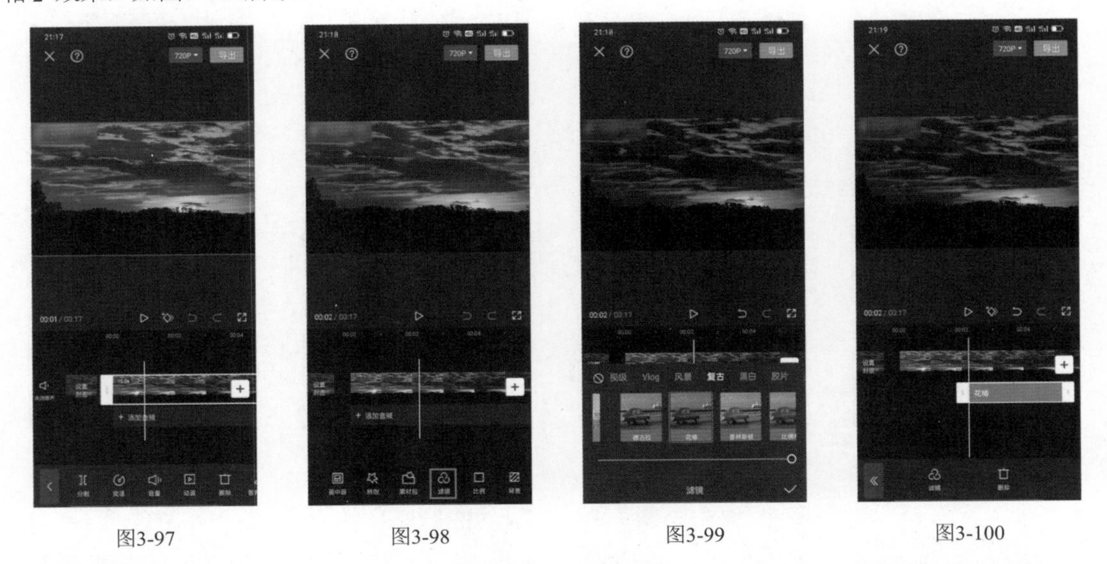

图3-97　图3-98　图3-99　图3-100

步骤05 把将特效轨道的长度拉到与视频轨道一样长，如图3-101所示。在工具栏中找到【调节】按钮，如图3-102所示。

步骤06 把“光感”参数调整为50，“亮度”参数调整为20，如图3-103和图3-104所示。

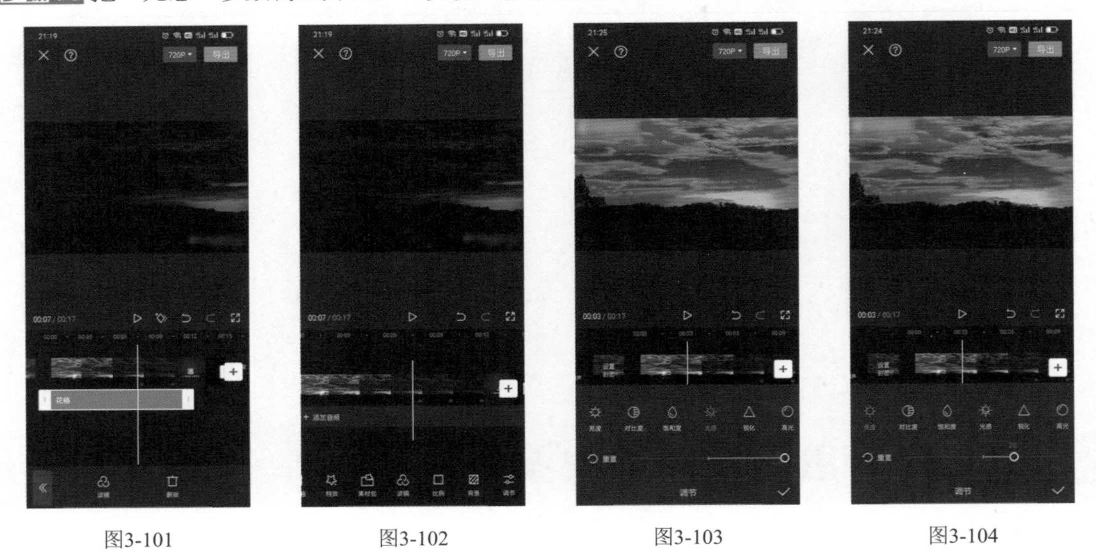

图3-101　图3-102　图3-103　图3-104

步骤07 把“对比度”参数调整为11，“锐化”参数调整为15，“饱和度”参数调整为31，如图3-105~图3-107所示。

步骤08 至此，日落色调就调节完成，点击✓按钮，跳转到最初编辑页面，这时可以看见视频轨道下增加了一个“调节1”的特效轨道，如图3-108所示。

步骤09 将“调节1”轨道的长度拖至与视频轨道一样长，如图3-109所示。点击播放按钮▷播放视频，效果如图3-110所示。

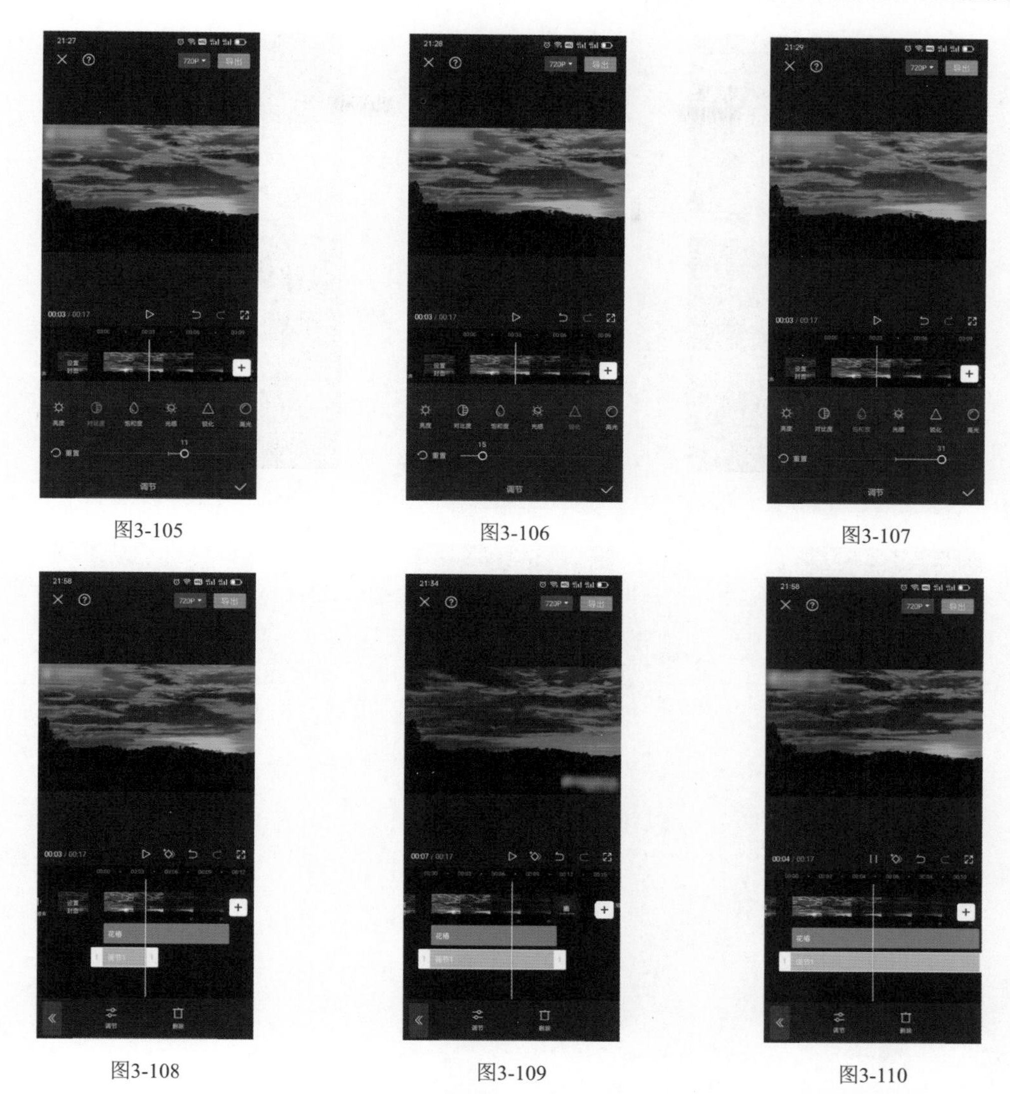

图3-105　图3-106　图3-107

图3-108　图3-109　图3-110

031 复古色调，年代烙印效果

复古色调的视频经常出现在一些港台电影和美国大片里面，它会使人的思想穿越到那些年代，来一场浪漫的邂逅。下面学习一下如何使用剪映制作复古色调效果的视频。具体操作步骤如下：

步骤01 打开剪映，导入准备好的视频，如图3-111所示，在不选中素材轨道的情况下，找到工具栏中的【滤镜】按钮，如图3-112所示。

步骤02 点击【滤镜】按钮，在选项中找到【复古】→【港风】选项，如图3-113所示。选择“港风”，点击✓按钮，这时可以看到视频轨道下方添加了一个“港风”特效轨道，如图3-114所示。把特效轨道的长度调整到和视频轨道一样长，如图3-115所示。

图3-111

图3-112

图3-113

图3-114

图3-115

步骤03 点击《按钮，返回到最初编辑页面，找到【调节】按钮，如图3-116所示。点击【调节】按钮，把“亮度”参数调整为15，把“对比度”参数调整为30，如图3-117和图3-118所示。

图3-116

图3-117

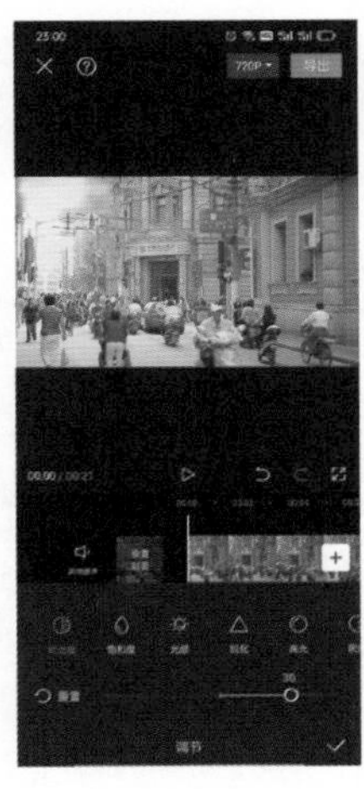

图3-118

步骤04 把“对比度”参数调整为30，“锐化”参数调整为30，如图3-119和图3-120所示。

步骤05 把“高光”参数调整为34，“色温”参数调整为40，如图3-121和图3-122所示。

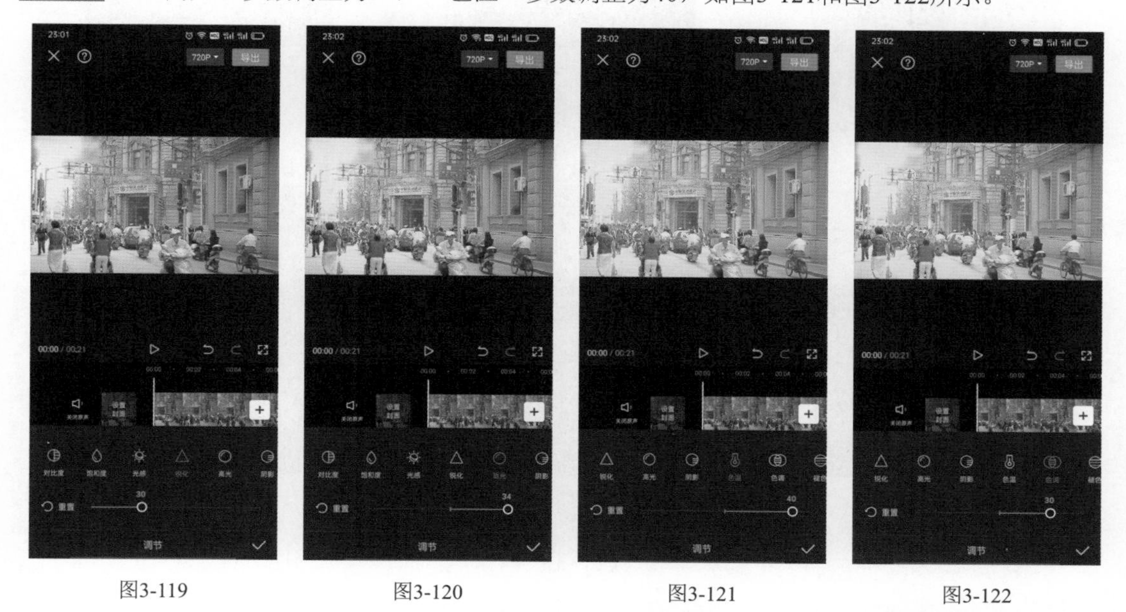

图3-119　　图3-120　　图3-121　　图3-122

步骤06 把“色调”参数调整为30，“褪色”参数调整为45，如图3-123和图3-124所示。

步骤07 设置“调节”的所有参数后，点击✓按钮，在“港风”特效轨道下方添加了一个“调节1”轨道，然后把“调节1”轨道的长度调整到与视频素材一样长，如图3-125所示。

图3-123

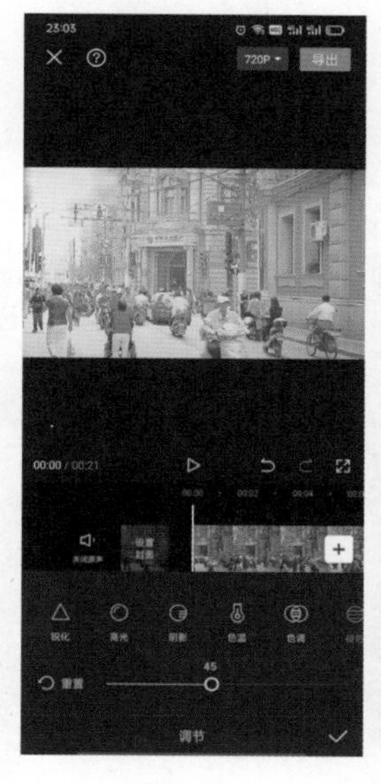

图3-124

图3-125

步骤08 点击《按钮，回到最初编辑页面，如图3-126所示。

步骤09 点击【比例】按钮，把比例调成16:9，如图3-127所示。

步骤10 至此，复古色调视频制作完成，点击播放按钮▷播放视频，效果如图3-128所示。

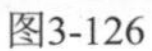

图3-126

图3-127

图3-128

032 鲜花色调，亮丽色彩效果

很多自媒体从业人员或者喜欢玩短视频的人经常会问这样一个问题，为什么我拍摄的，鲜花视频虽然很好看，但其对比度、饱和度都不够，没有强烈的视觉冲击力。下面介绍一下如何使用剪映的调节功能制作出鲜花色调，亮丽色彩的视频效果。具体操作步骤如下：

步骤01 打开剪映，开始创作，导入准备好的视频，如图3-129所示。点击工具栏中的【比例】按钮，如图3-130所示。

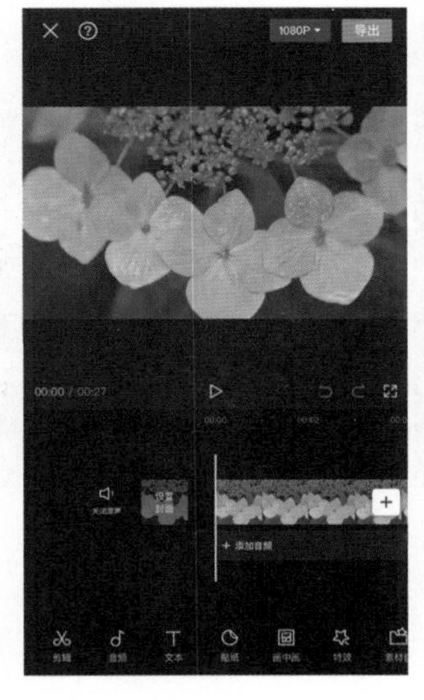

图3-129

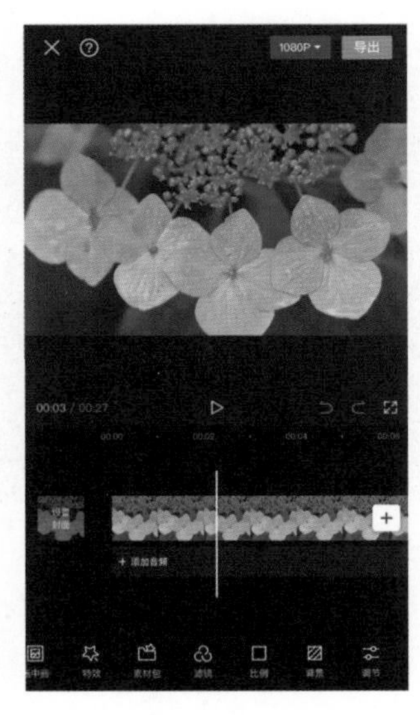

图3-130

步骤02 在页面中选择视频的“比例”为16:9，如图3-131所示。点击《按钮返回初始剪辑页面，然后点击工具栏中的【调节】按钮，如图3-132所示。

步骤03 把“对比度”参数调整为10，“饱和度”参数调整为15，如图3-133和图3-134所示。

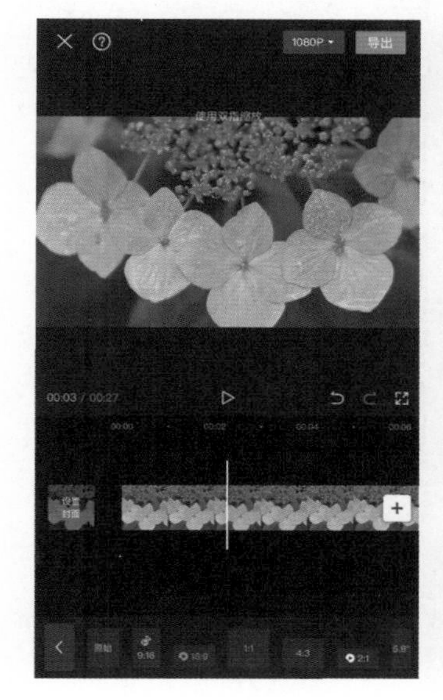

图3-131

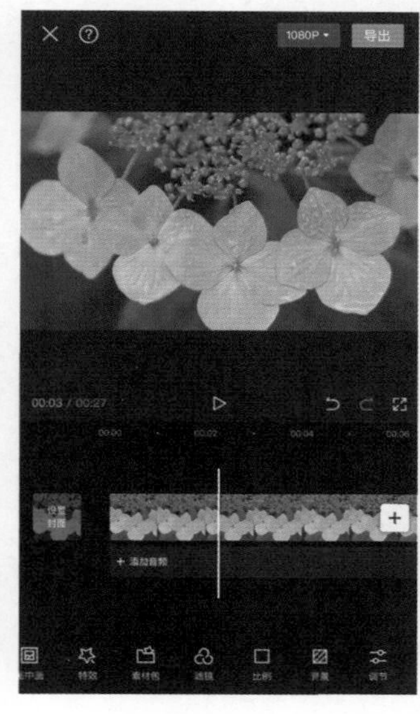

图3-132

图3-133

步骤04 把“高光”参数调整为12，“色温”参数调整为12，如图3-135和图3-136所示。

图3-134

图3-135

图3-136

步骤05 把“亮度”参数调整为15，如图3-137所示，然后点击✓按钮，这时候可以看到视频轨道下面添加了一个“调节1”的特效轨道，如图3-138所示。

步骤06 把特效轨道的长度调整到与视频轨道一样的长度，如图3-139所示。点击【编辑】按钮，在页面中点击【滤镜】→【风景】→【绿妍】，如图3-140所示。

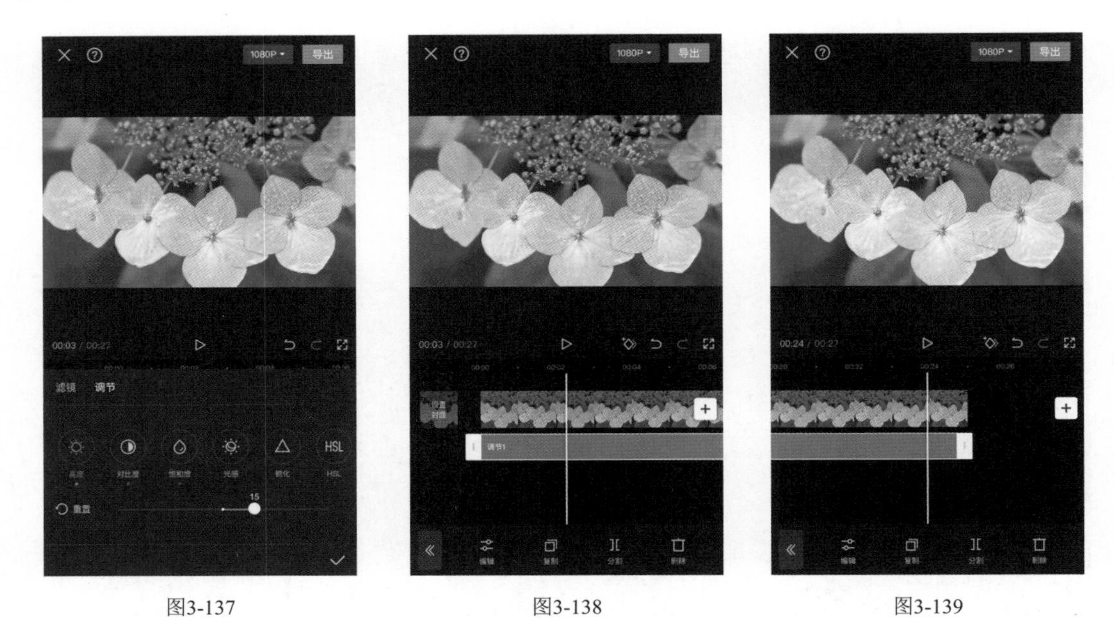

图3-137　　图3-138　　图3-139

步骤07 点击✓按钮，回到剪辑页面，可以看到特效轨道上面出现了绿妍，如图3-141所示，将绿妍特效轨道拉到和视频一样的长度，如图3-142所示。至此，视频编辑完成。

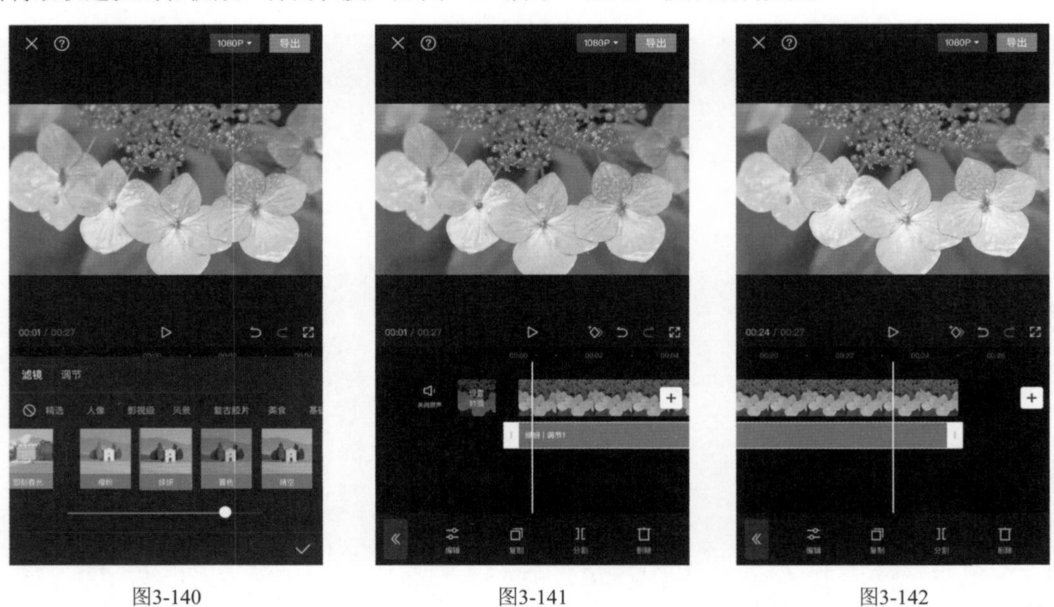

图3-140　　图3-141　　图3-142

第 4 章

15种热门特效，让短视频绽放精彩

本章提要

我们经常看到的一些短视频的热门特效非常吸引人，都以为这些特效需要很复杂的技术才能完成。其实不然，使用剪映软件就可以轻松做出那些高大上的特效短视频，比如分身术、多画面效果、翻转效果、雪花飞舞、滑屏效果，等等。本章将详细讲解剪映中最常用的15种热门特效，让我们的短视频绽放精彩。

033 油画纹理，制作油画效果

读者知道一些视频中的油画效果是如何制作的吗？下面介绍如何使用剪映来制作具有油画纹理效果的视频。具体步骤如下：

步骤01 打开剪映，点击【开始创作】按钮，添加素材，如图4-1所示，进入剪辑页面，这里导入了一段视频素材，如图4-2所示。

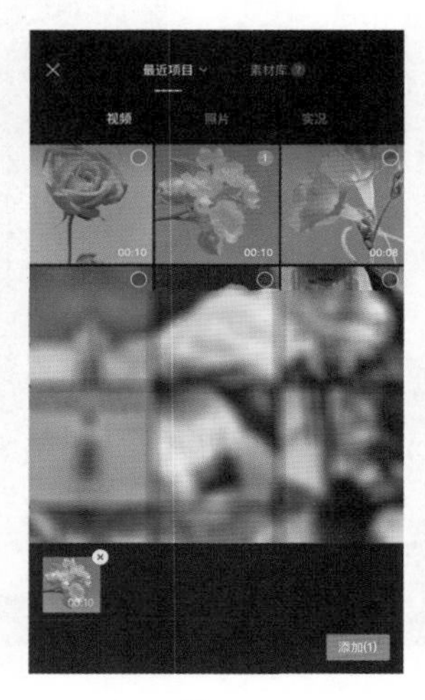

图4-1

图4-2

步骤02 在下方工具栏中找到【特效】按钮，如图4-3所示，点击【特效】按钮进入如图4-4所示的页面，然后点击【画面特效】按钮，选择【纹理】选项栏，进入如图4-5所示的页面。

图4-3

图4-4

图4-5

步骤03 在【纹理】选项栏中点击“油画纹理”选项，如图4-6所示，点击✓按钮，进入到如图4-7所示的剪辑页面，这时特效轨道上添加了“油画纹理”特效，为了使特效应用到整个素材，将“油画纹理”特效轨道的长度调整到与视频素材的长度一样，如图4-8所示。

图4-6

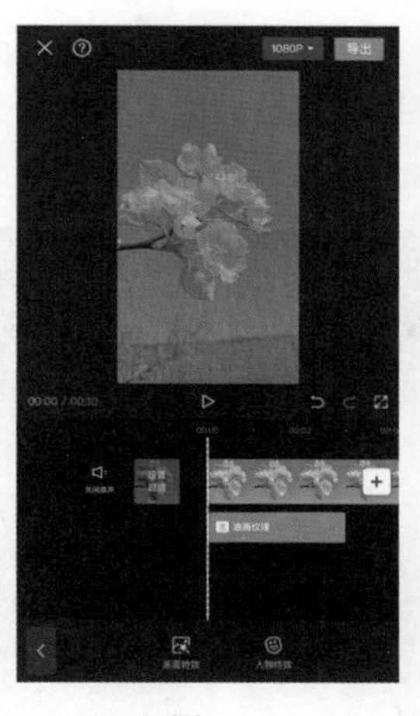
图4-7

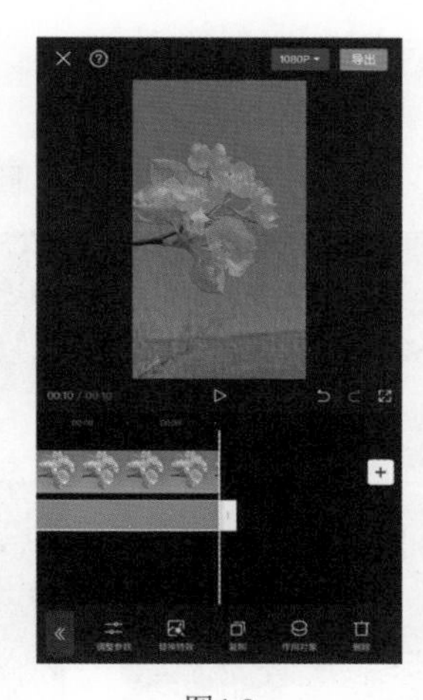
图4-8

步骤04 选中素材，在下方工具栏中找到【调节】按钮，如图4-9所示，点击【调节】按钮，进入如图4-10所示页面。

步骤05 点击【亮度】按钮，如图4-11所示，调整“亮度”参数值为–30（这里调低油画效果更佳明显），如图4-12所示，至此，完成了油画纹理效果。

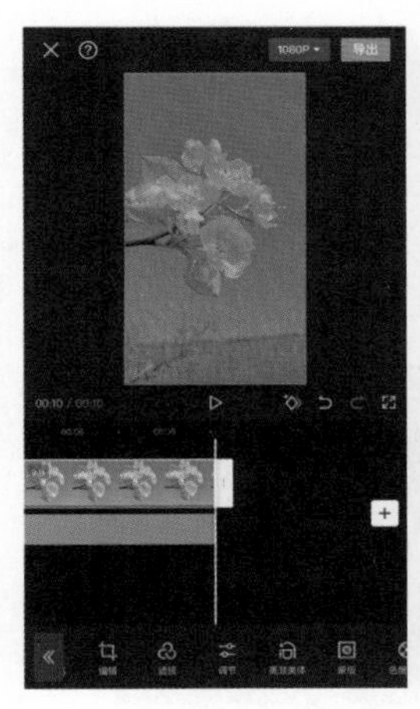
图4-9

图4-10

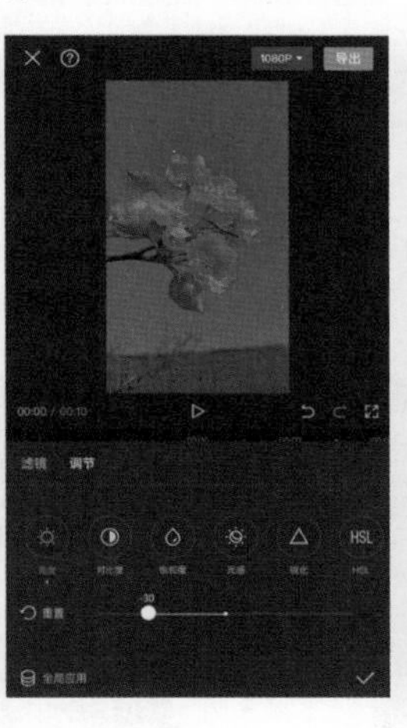
图4-11

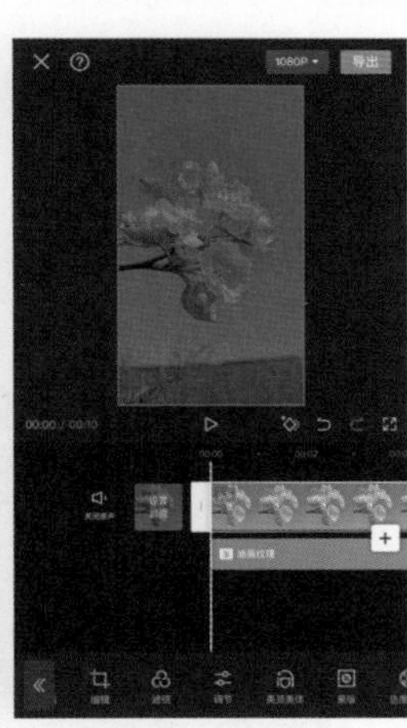
图4-12

034 磨砂纹理，制作朦胧的视觉效果

我们经常在网上看到一些视频片段，为了不让观看者看到一些较为私秘的信息或者太暴力的场面，会对拍摄的视频素材进行模糊处理，制作出朦胧的视觉效果。下面介绍如何使用剪映App的“模糊”和“磨砂纹理”特效功能，制作梦幻朦胧感的视频效果。具体操作步骤如下：

步骤01 打开剪映，点击【开始创作】按钮，添加素材，如图4-13所示，进入剪辑页面，如图4-14所示。

步骤02 在下方工具栏中找到【画中画】按钮，点击【画中画】按钮，进入如图4-15所示的页面，再点击【新增画中画】按钮，然后在弹出的页面中选择画中画素材，点击【确定】按钮进入剪辑页面，此时可以看到视频轨道上同时出现原始素材和画中画素材，如图4-16所示。

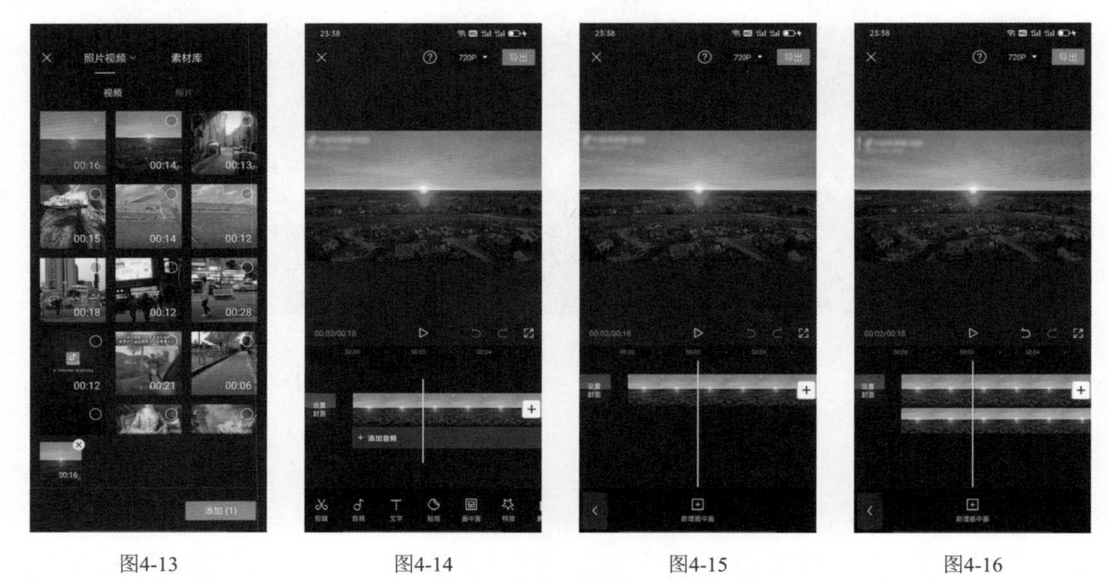

图4-13　　图4-14　　图4-15　　图4-16

步骤03 在下方工具栏中找到【混合模式】按钮，如图4-17所示。

步骤04 点击【混合模式】按钮，进入编辑页面，然后点击【滤色】按钮，如图4-18所示。

步骤05 点击✓按钮，进入编辑页面，点击《按钮回到初始剪辑页面，在下方工具栏中找到【特效】按钮，如图4-19所示。

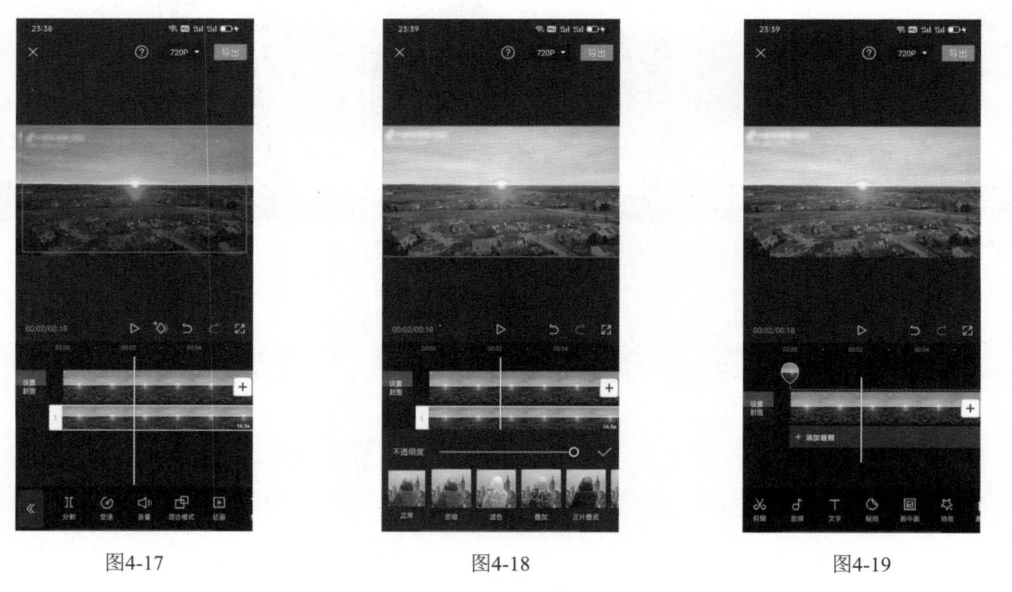

图4-17　　图4-18　　图4-19

步骤06 点击【特效】按钮，进入“特效”页面，如图4-20所示。在“特效”页面上点击【基础】选项栏，再点击下面的“模糊”特效，如图4-21所示。

步骤07 点击✓按钮，此时页面中的特效轨道上添加了“模糊”特效，如图4-22所示，选择特效轨道，将其调整到合适的长度，如图4-23所示。至此，模糊特效制作完成。

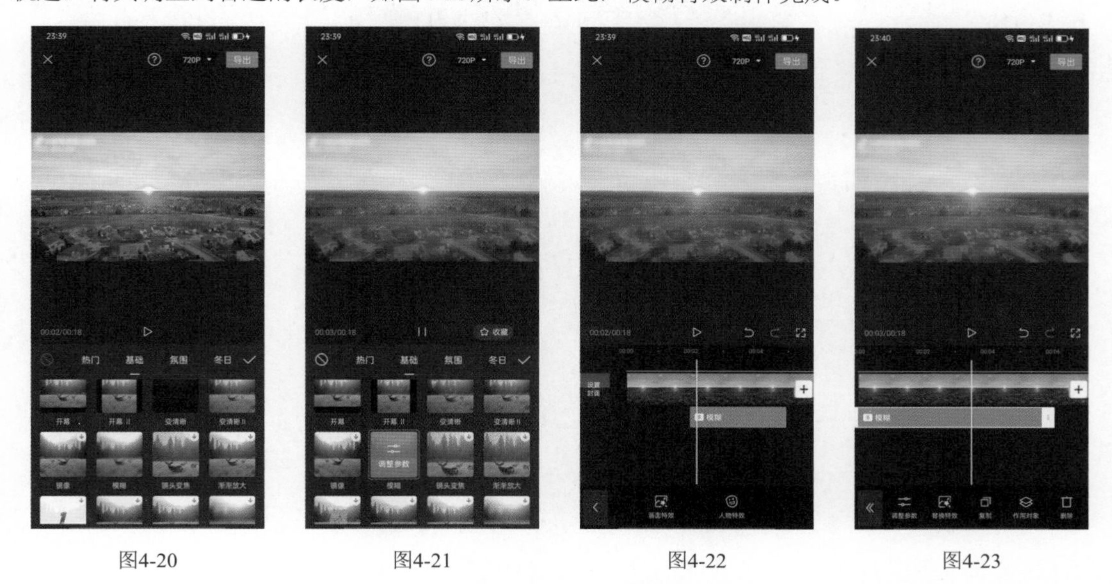

图4-20　　图4-21　　图4-22　　图4-23

步骤08 下面开始制作磨砂纹理。点击如图4-23所示的《按钮，回到初始剪辑页面，如图4-24所示。

步骤09 点击【特效】按钮，进入如图4-25所示的页面。

步骤10 点击【画面特效】按钮，进入如图4-26所示的页面。

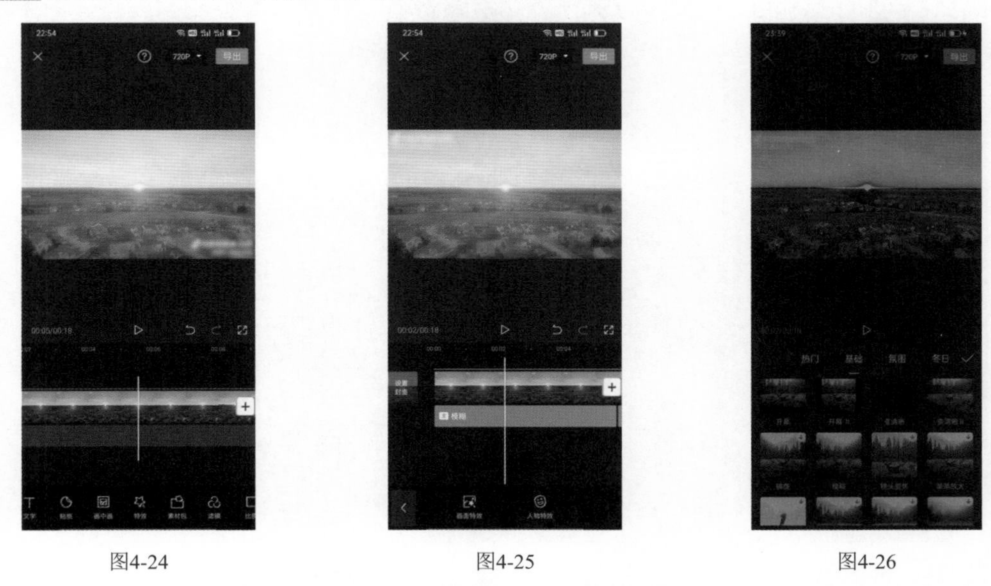

图4-24　　图4-25　　图4-26

步骤11 点击【纹理】选项栏，再点击下面的“磨砂纹理”特效，如图4-27所示。

步骤12 点击✓按钮，这时在特效轨道的“模糊”特效后面添加了一个“磨砂纹理”特效，如图4-28所示，这时磨砂效果就添加好。

步骤13 点击如图4-28所示的《按钮，回到初始剪辑页面，如图4-29所示。

步骤 14 点击下方工具栏中的【调节】按钮，进入调节页面，如图4-30所示。

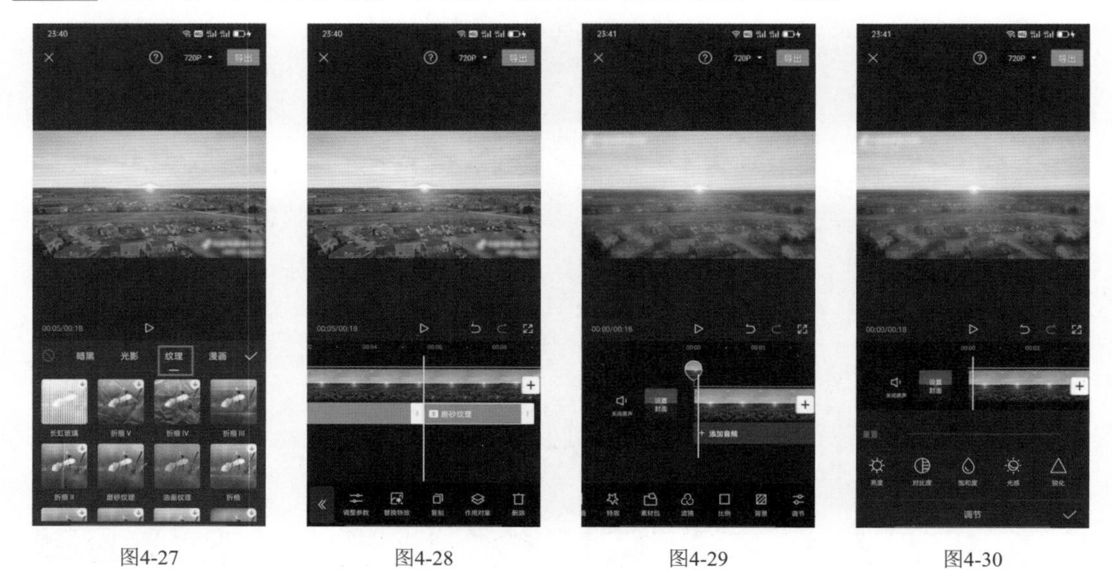

图4-27　图4-28　图4-29　图4-30

步骤 15 点击【亮度】按钮，把“亮度”参数调整为11，如图4-31所示。

步骤 16 点击✓按钮，至此，磨砂纹理效果制作完成，点击播放按钮▷播放视频，浏览视频预览效果，可以看到视频由模糊效果追逐渐变成磨砂纹理，如图4-32和图4-33所示。

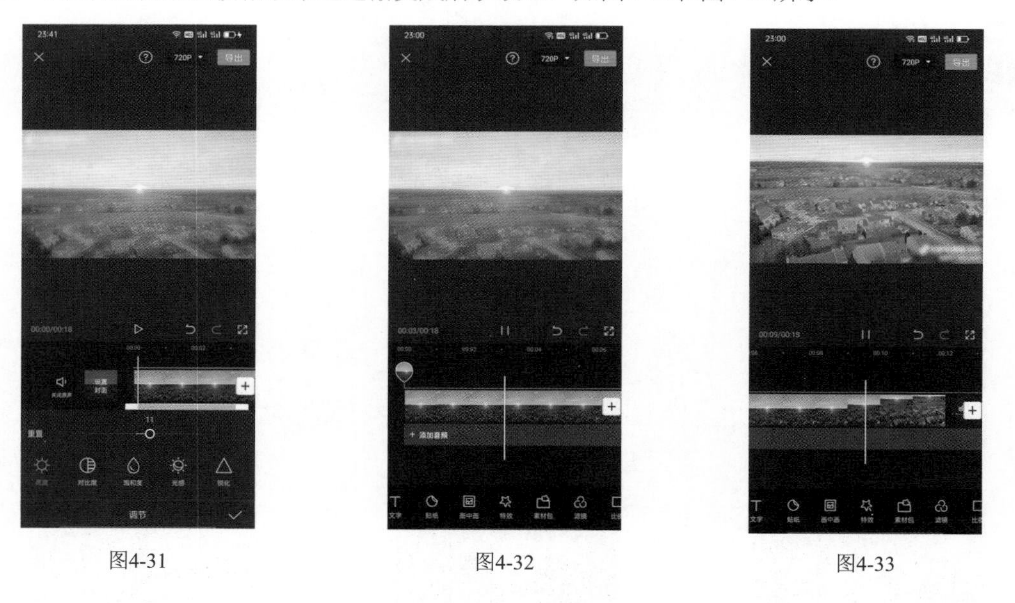

图4-31　图4-32　图4-33

035 混合模式，制作有趣的分身效果

混合模式就是把2个或多个视频进行叠加后展示出新的视频效果。剪映App的混合模式可以分为四组，共11种混合模式：正常、去亮（变暗、正片叠底、线性加深、颜色加

深）、去暗（滤色、变亮、颜色减淡）、对比（叠加、强光、柔光）。视频的混合模式应用非常广泛，下面介绍一下如何应用混合模式制作有趣的分身效果。具体操作步骤如下：

步骤01 打开剪映App，点击【开始创作】按钮，如图4-34所示。

步骤02 在添加素材页面上选择要添加的视频素材，点击【添加】按钮，如图4-35所示。

步骤03 进入视频剪辑页面，点击【画中画】按钮，如图4-36所示。

图4-34

图4-35

图4-36

步骤04 点击【新增画中画】按钮，如图4-37所示。

步骤05 进入添加视频页面，选择视频，点击【添加】按钮，如图4-38所示。

步骤06 调整第2个视频的画面位置，点击【混合模式】按钮，如图4-39所示。

图4-37

图4-38

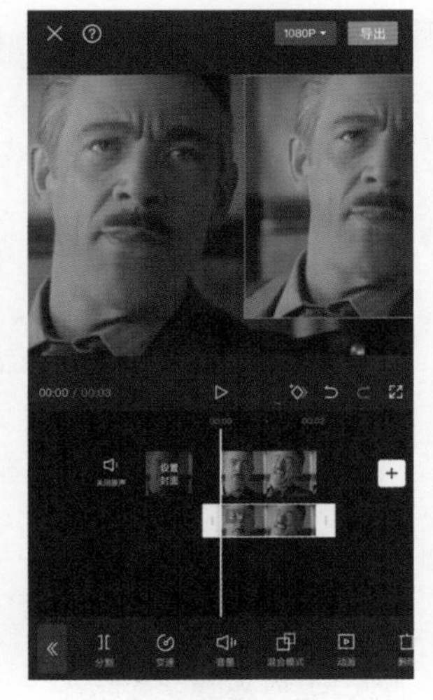

图4-39

步骤07 进入“混合模式”页面，页面中一共有11种混合模式，选择“变亮”混合模式，如图4-40所示。

步骤08 点击✓按钮，返回视频编辑页面，即完成分身效果的制作，如图4-41所示。

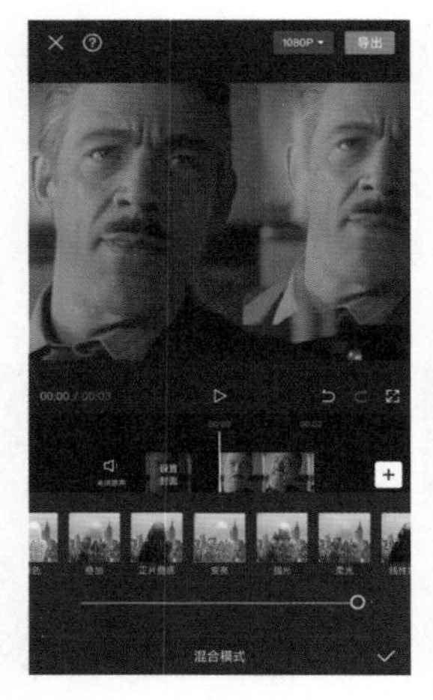

图4-40

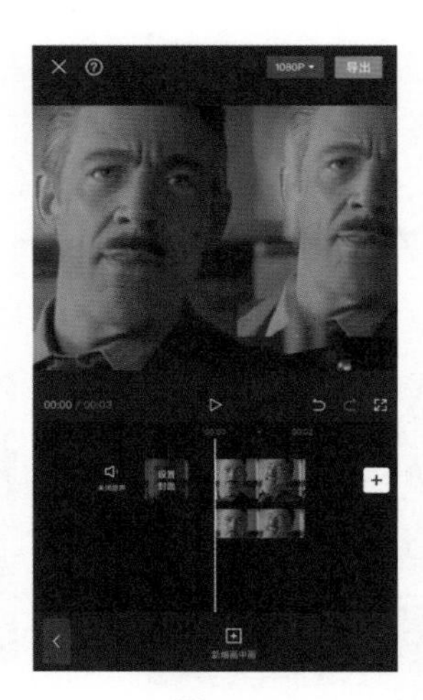

图4-41

提示 | 为营造更好的分身效果，在使用混合模式时，最好删除原视频的音乐与文字，待生成新的视频后，再添加音乐、文字等内容。

036 分屏功能，展示多画面效果

我们制作的短视频如果视频的画面太单调，就会缺少吸引力，因此，经常会想方设法让画面变得更加丰富。使用剪映的分屏功能可以很轻松地实现多画面展示，让视频画面更加有吸引力。具体操作步骤如下：

步骤01 打开剪映，点击【开始创作】按钮，进入添加素材页面，选择素材，点击【添加】按钮，进入剪辑页面，如图4-42所示。

步骤02 在下方工具栏中找到【比例】按钮，如图4-43所示。

步骤03 点击【比例】按钮，进入如图4-44所示的页面，选择视频的画幅比例为9:16。

图4-42

图4-43

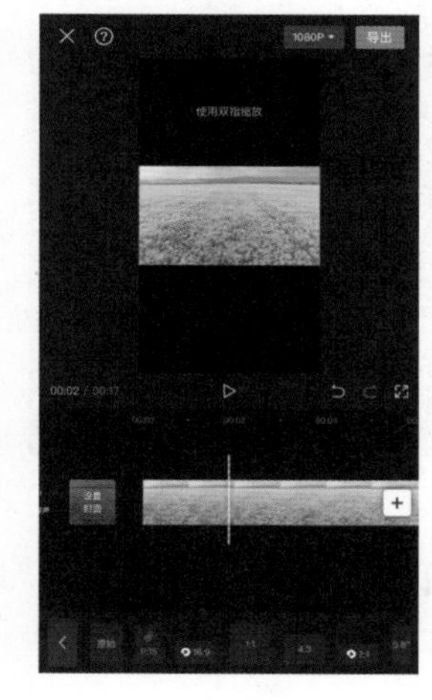

图4-44

步骤04 点击<按钮，返回初始剪辑页面，如图4-45所示。

步骤05 在下方工具栏中点击【背景】按钮，进入如图4-46所示的页面，点击【画布模糊】按钮，进入如图4-47所示页面。

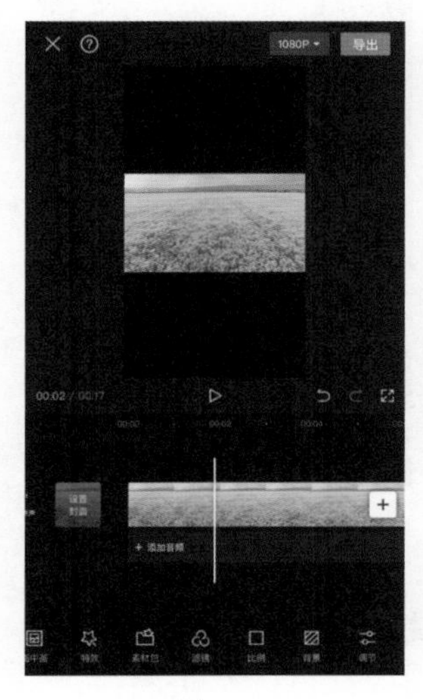

图4-45

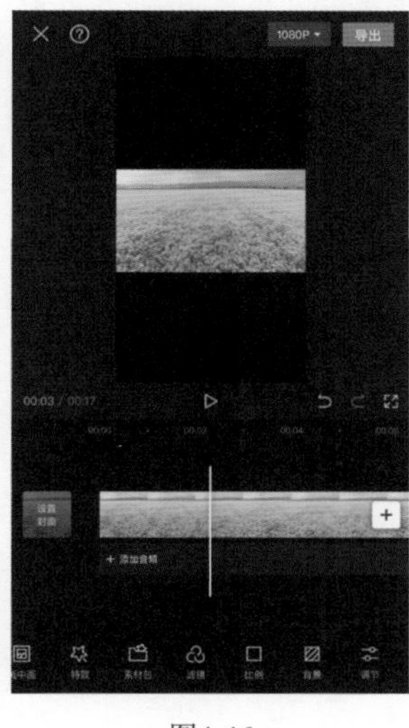

图4-46

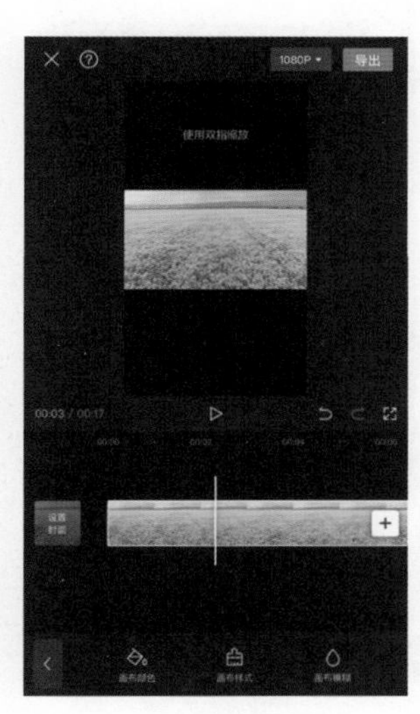

图4-47

步骤06 有4种“画布模糊”选项，选择左边第一个选项，点击✓按钮，跳转到如图4-48所示的页面，点击工具栏中的【特效】按钮，进入如图4-49所示的页面。点击【画面特效】按钮进入如图4-50所示的页面。

图4-48

图4-49

图4-50

步骤07 在视频轨道下方的选项栏中找到【分屏】选项，选项栏下面有很多分屏模式可供选择，这里选择“四屏”模式，如图4-51所示。

步骤08 点击✓按钮，跳转到剪辑页面，如图4-52所示，可以看见视频轨道的下方添加了一个“四屏”轨道。调整“四屏”轨道的长度和位置，至此，分屏效果制作完成，播放效果如图4-53所示。

图4-51

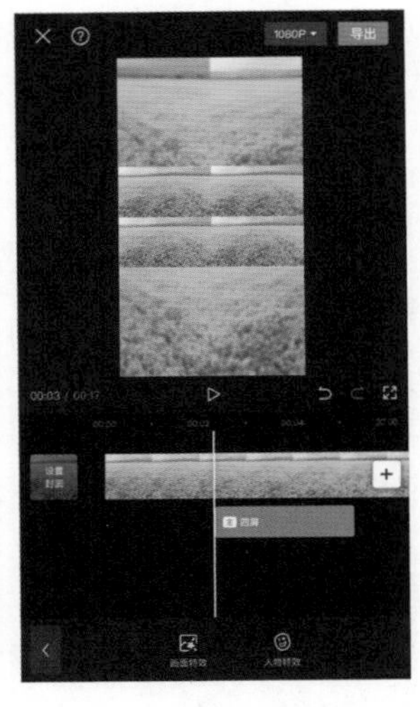

图4-52

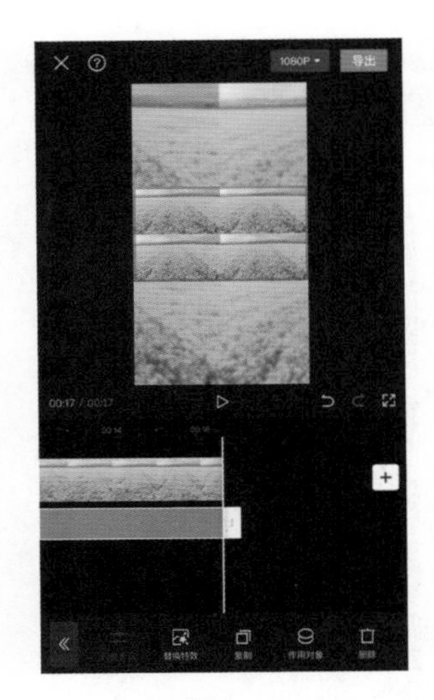

图4-53

提示 如果视频素材中没有音乐，还可以为视频添加音乐。点击《按钮，回到初始剪辑页面，现在给视频添加音乐。点击【音频】按钮，进入如图4-54所示的页面。在页面中点击【音乐】按钮，进入音乐选择页面，选择合适的音乐，最后点击【使用】按钮，跳转到剪辑页面，可以看见音频轨道上面出现了音乐，如图4-55所示。

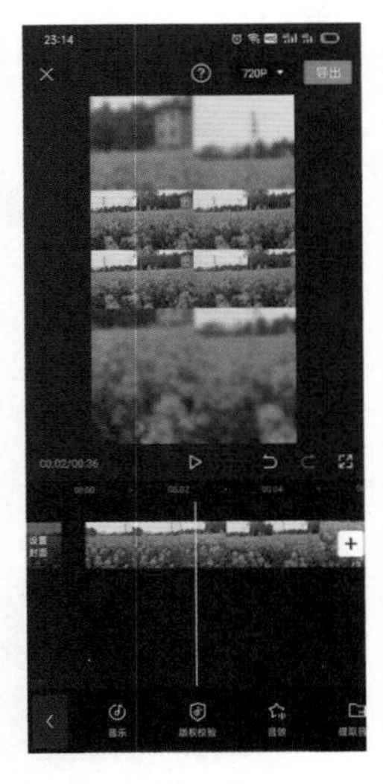

图4-54

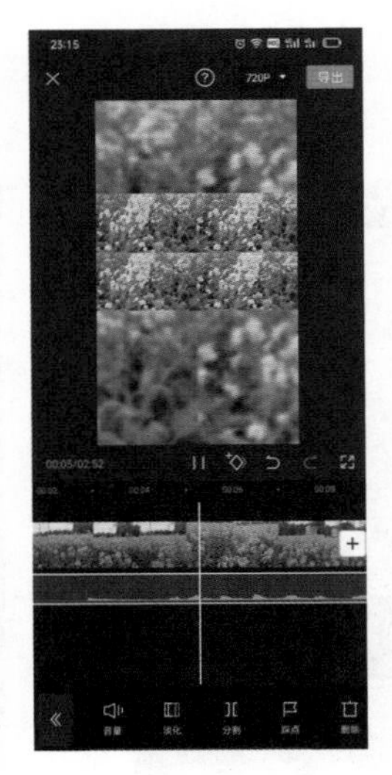

图4-55

037 镜像功能，制作平行视频效果

平行视频就是把两个视频制作成互相平行的视频效果。平行视频的制作原理是：视频素材就像纸上的图案，把图案沿着一条直线对折，让它与另一个图案完全对称。使用剪映的镜像功能，就能制作出具有平行视频的效果，非常有科幻效果。具体操作步骤如下：

步骤01 打开剪映，点击【开始创作】按钮，添加视频素材，如图4-56所示。

步骤02 点击工具栏中的【画中画】按钮，再次导入同一个视频素材，如图4-57所示。

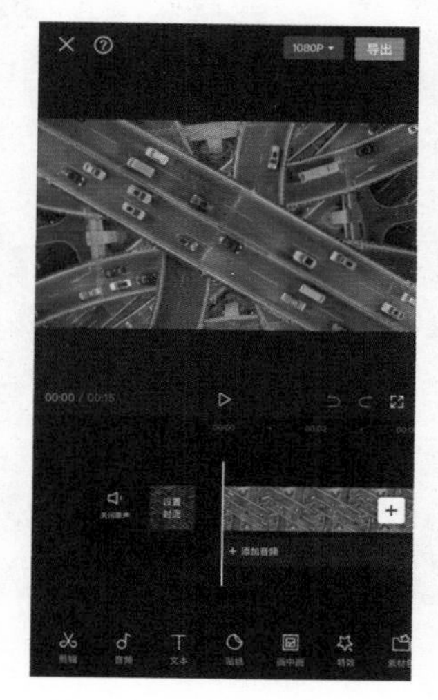

图4-56

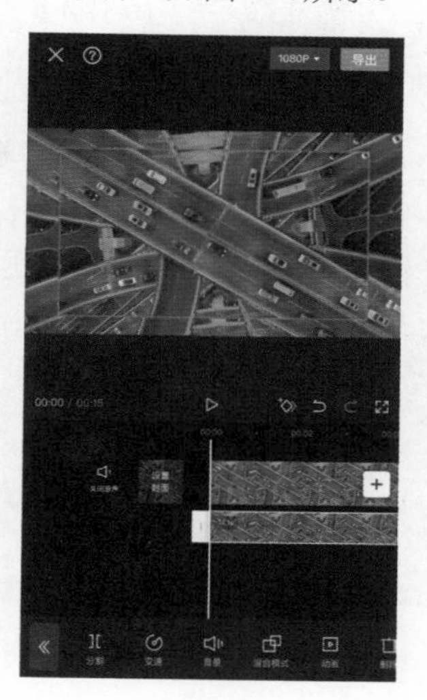

图4-57

步骤03 点击《按钮，返回到最初编辑页面，如图4-58所示。点击【比例】按钮，选择9:16，如图4-59所示。调整好两个视频的位置，如图4-60所示。

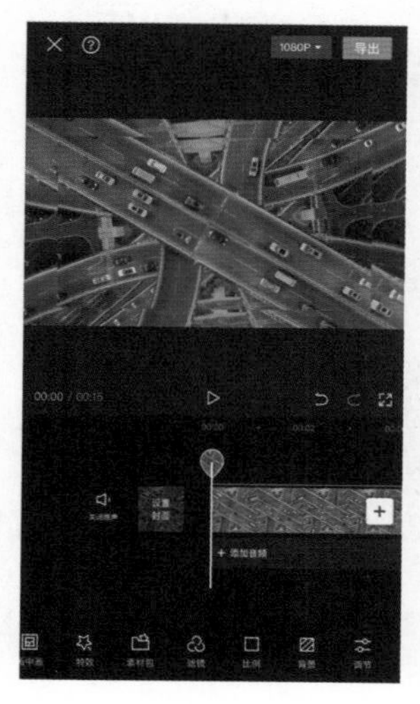

图4-58

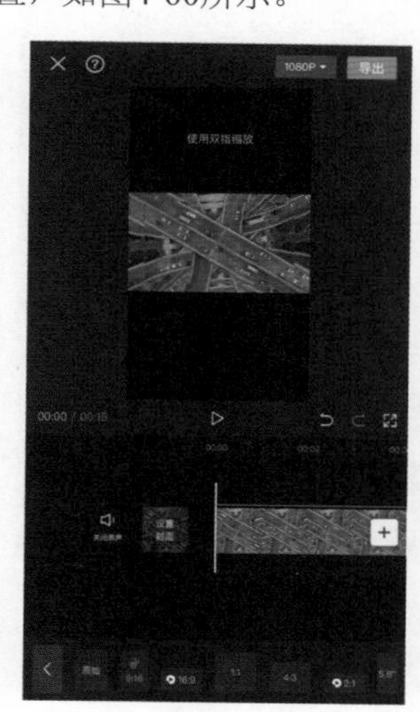

图4-59

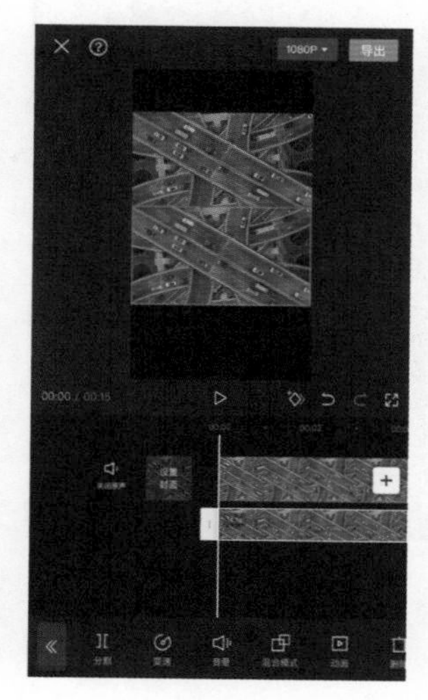

图4-60

步骤04 选择画中画素材，在下方工具栏中找到【编辑】按钮，如图4-61所示。

步骤05 点击【编辑】按钮，点击【镜像】按钮，这时画中画素材被执行了镜像，如图4-62所示。

步骤06 为了让两个平等视频看起来更自然、更真实，需要对画中画视频素材进行羽化处理。在下方工具栏中找到【蒙版】按钮，如图4-63所示。

步骤07 点击【蒙版】按钮，选择【线性】选项，如图4-64所示，点击✓按钮，将视频素材的边缘进行羽化，如图4-65所示。

步骤08 至此，平行视频效果制作完成，点击播放按钮▷播放视频，如图4-66所示。

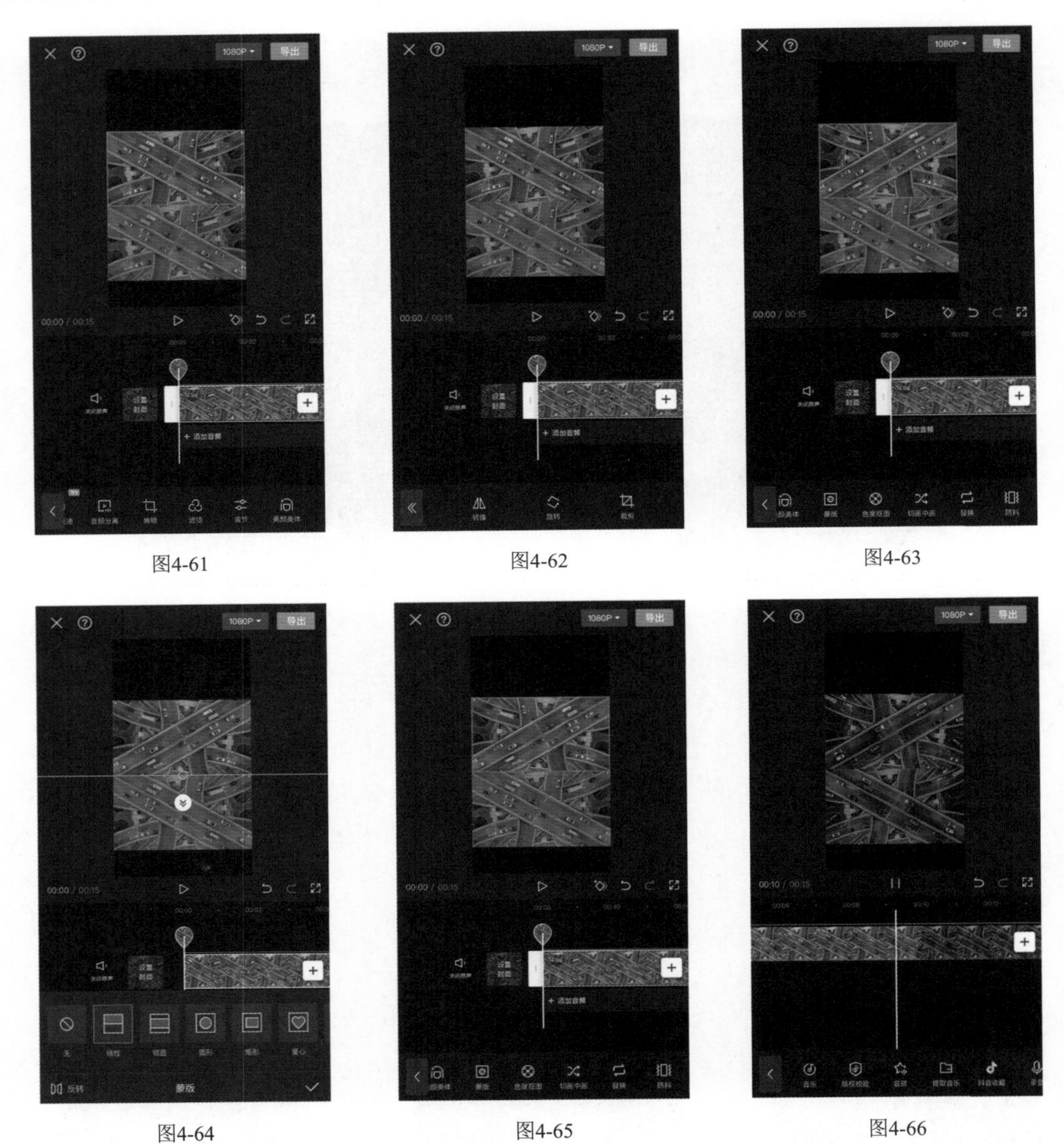

图4-61 图4-62 图4-63

图4-64 图4-65 图4-66

038 开幕特效，制作电影感开幕片头效果

开幕特效通常用于电影开始播放时的视频特效，一个好的开幕特效能给观众留下深刻印象。下面介绍一下使用剪映制作具有电影感开幕特效片头效果。具体操作步骤如下：

步骤01 打开剪映，导入准备好的视频素材，如图4-67所示，在下方工具栏中找到【滤镜】按钮，如图4-68所示。

步骤02 点击【滤镜】按钮，点击【影视级】→【敦刻尔克】选项，设置参数，如图4-69所示。

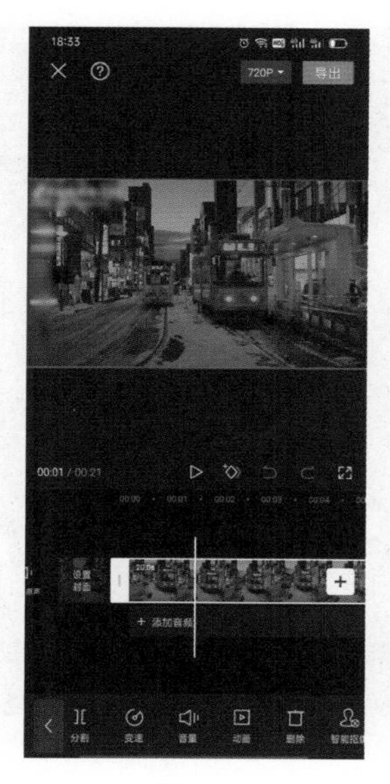

图4-67

图4-68

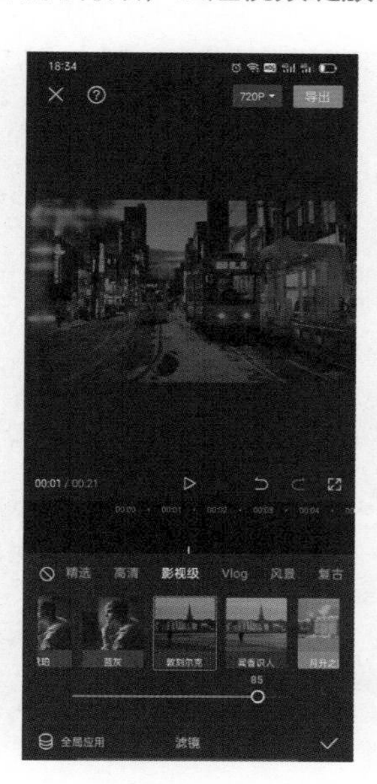

图4-69

步骤03 点击✓按钮，再点击【特效】按钮，如图4-70所示。

步骤04 点击【画面特效】按钮，如图4-71所示，点击【基础】→【开幕】选项，点击✓按钮，如图4-72所示，即可以特效轨道上添加一个“开幕”的特效。

图4-70

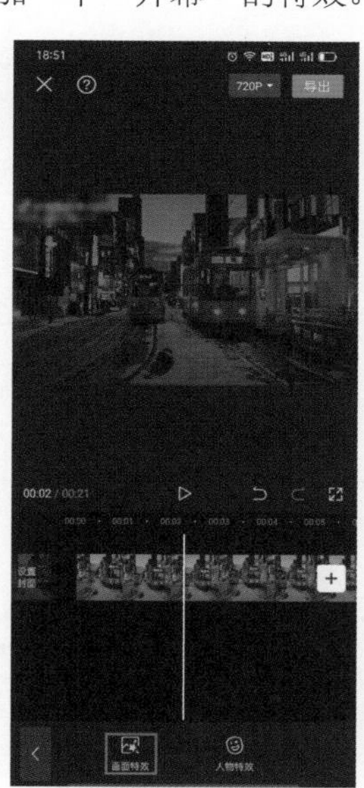

图4-71

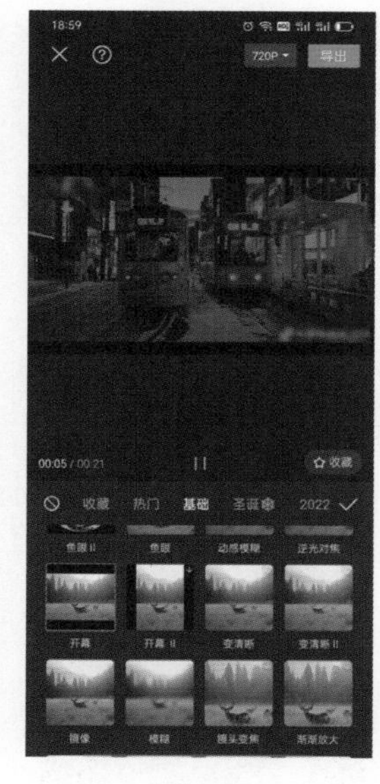

图4-72

步骤05 点击【画面特效】按钮，点击【基础】→【电影画幅】选项，如图4-73所示。点击✓按钮，特效轨道上又添加一个“电影画幅”特效，如图4-74所示。

步骤06 调整特效轨道的位置和长度，移动特效与视频的开始位置对齐，然后将特效的长度调整到与视频轨道的长度一样，如图4-75所示。

步骤07 至此，开幕特效视频就完成了，点击播放按钮▷播放视频，效果如图4-76所示。

图4-73

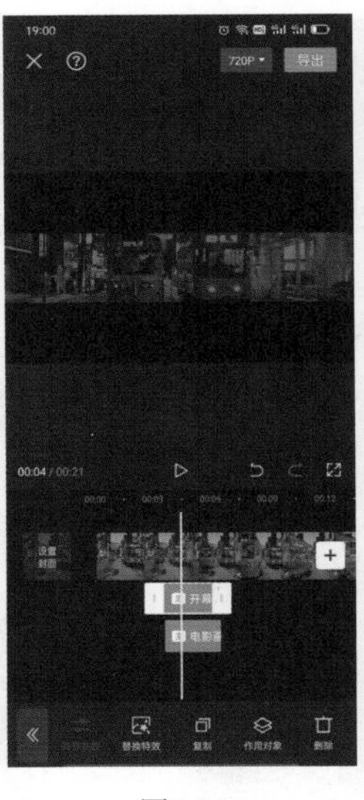

图4-74

图4-75

图4-76

039 多相框门，矩形蒙版的缩放

单独展示一幅照片，有时显得很单调，不能给观众视觉冲击力，如果给照片加上多个相框门，这样照片就增加了动态效果，不仅丰富了整个画面，而且画面会有一种缩放的动态效果。下面学习一下使用剪映的矩形蒙版的缩放来制作多相框门效果。具体操作步骤如下：

步骤01 打开剪映，导入准备好的图片素材，如图4-77所示。

步骤02 点击视频轨道，在下方工具栏中找到【蒙版】按钮，如图4-78所示，点击【蒙版】→【矩形蒙版】选项，如图4-79所示。

图4-77

图4-78

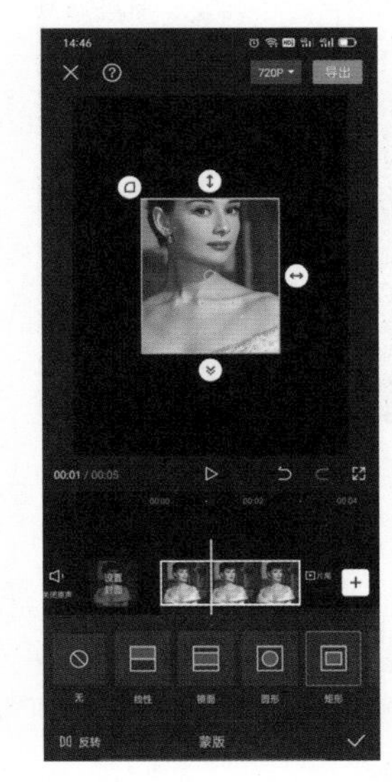

图4-79

步骤03 调整素材尺寸大小，点击【反转】选项，如图4-80所示。

步骤04 点击✓按钮，然后在下方工具栏中找到【复制】按钮，如图4-81所示，连续点击【复制】按钮两次，图片轨道上复制了2段素材，如图4-82所示。

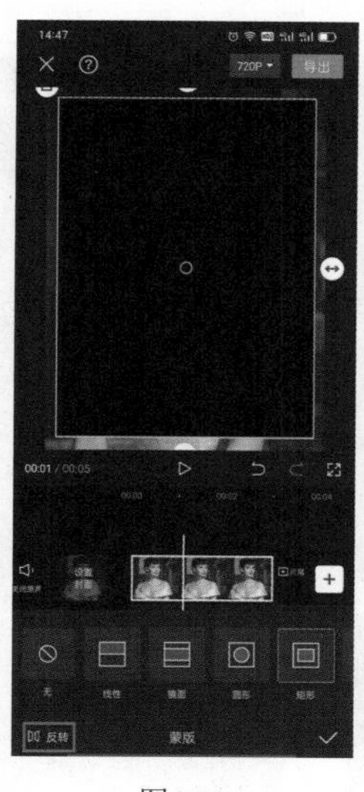

图4-80

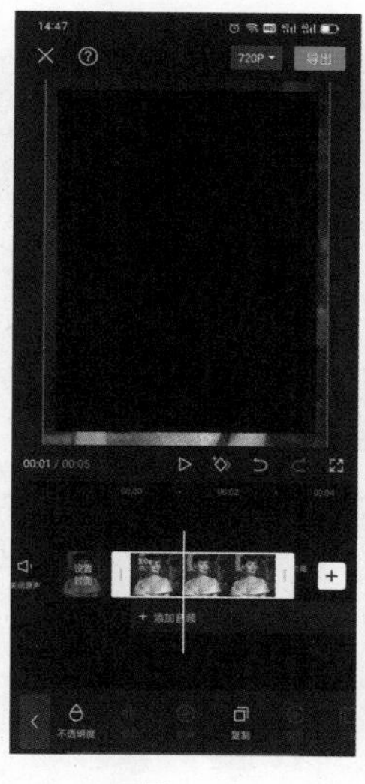

图4-81

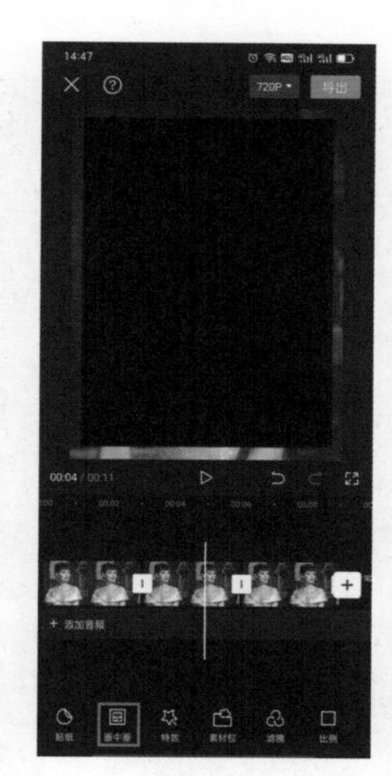

图4-82

步骤05 在图片轨道选择第三段图片。点击工具栏中的【切画中画】按钮，如图4-83所示，这时第三段素材出现在第二个轨道中，如图4-84所示。调整画中画轨道视频的位置（与视频轨道起点对齐），如图4-85所示。

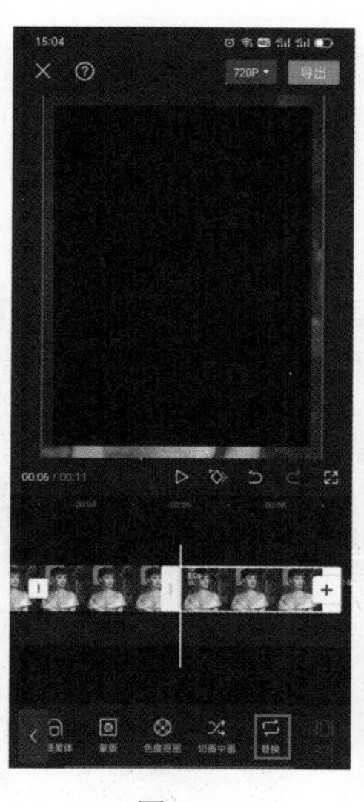

图4-83

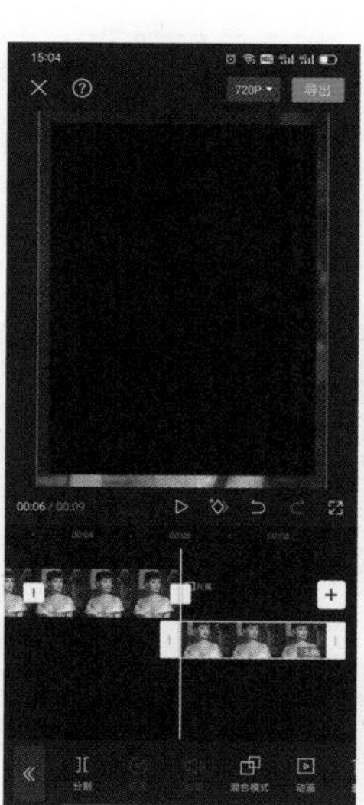

图4-84

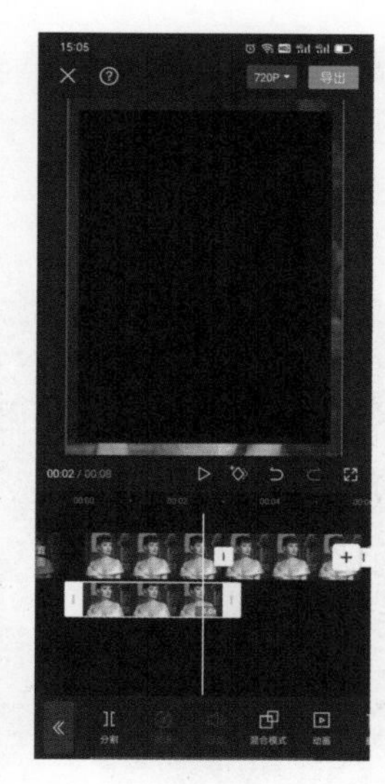

图4-85

步骤06 选择第二个轨道中的素材，在预览区域适当缩小画面，效果如图4-86所示。

步骤07 连续两次点击【复制】按钮，复制了2段素材，如图4-87所示。

步骤08 将第二个轨道中的第三段素材拖到第三个轨道，并与开始位置对齐，并在预览区中适当缩小尺寸，效果如图4-88所示。

步骤09 用同样的方法添加多条画中画轨道，并且在预览区域将画面尺寸大小逐层缩小。

提示 复制的画中画越多，效果越好，画中画轨道最多能添加6个。本例我们添加4个，效果如图4-89所示。

图4-86

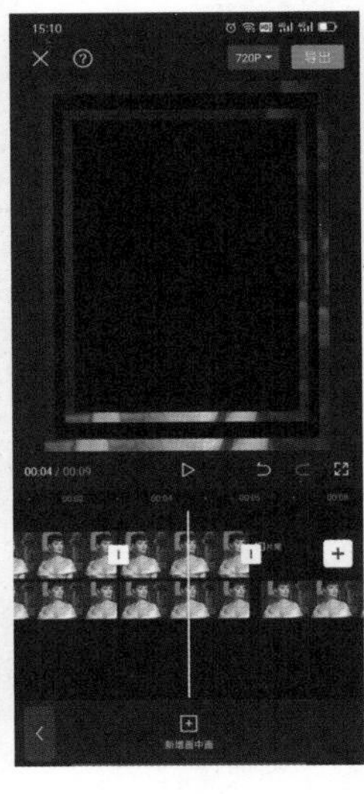

图4-87

图4-88

图4-89

注意 如果对每一个轨道的第一段图片素材的大小进行调整，那么复制的第二段、第三段的图片素材就不需要调整其大小了。

步骤10 选择最后一个画中画轨道中的第一段素材，点击工具栏中的【蒙版】按钮，如图4-90所示。

步骤11 选择【矩形】选项，点击【反转】选项，如图4-91所示，再点击✓按钮。

步骤12 选择最后一个画中画轨道中的第二段素材，点击工具栏中的【蒙版】按钮，如图4-92所示。

步骤13 选择【矩形】选项，点击【反转】选项，如图4-93所示。

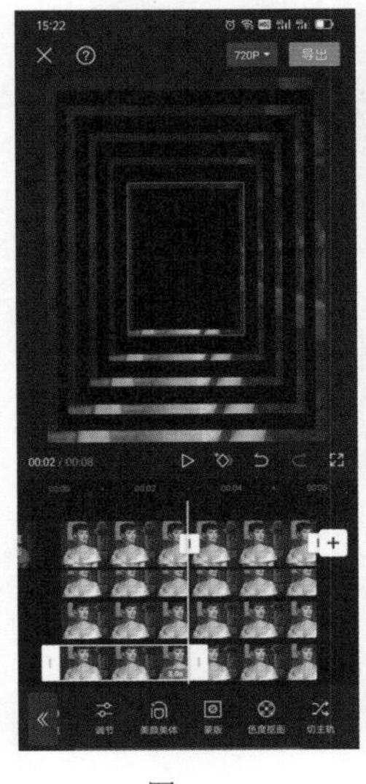

图4-90

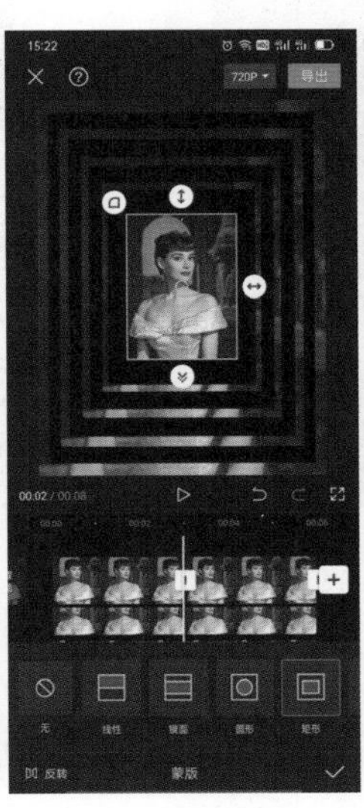

图4-91

图4-92

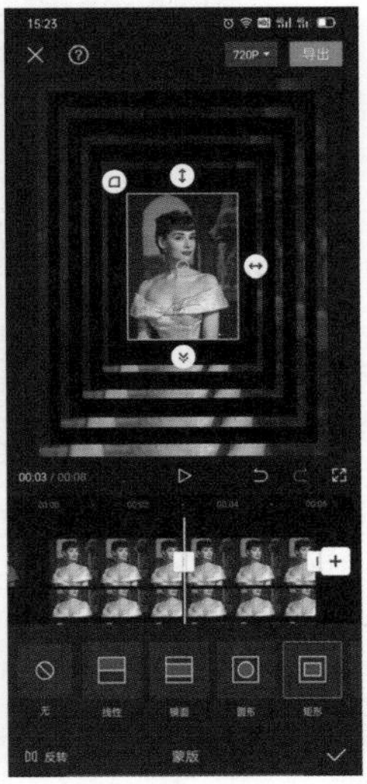

图4-93

步骤14 选择第一个图片轨道中的第一段素材，点击工具栏中的【动画】按钮，如图4-94所示。

步骤15 点击【入场动画】按钮，如图4-95所示，然后点击【放大】选项，调整时长参数为0.5s，如图4-96所示。

图4-94

图4-95

图4-96

步骤16 选择第一个图片轨道中的第二段视频素材，点击工具栏中的【动画】按钮，如图4-97所示。

步骤17 点击【出场动画】按钮，如图4-98所示，然后点击【缩小】选项，调整时长参数为0.5s，如图4-99所示。

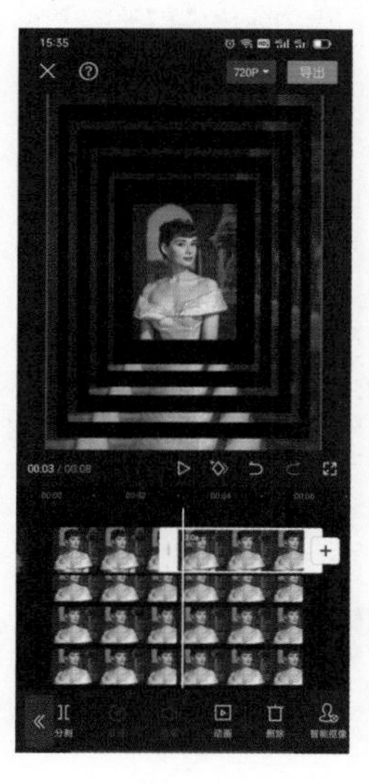

图4-97

图4-98

图4-99

步骤18 点击✓按钮，选择第二个视频轨道的第一段素材，点击工具栏中的【动画】按钮，如图4-100所示。

步骤19 点击【入场动画】按钮，如图4-101所示，点击【放大】选项，调整时长参数为1s，如图4-102所示。

图4-100

图4-101

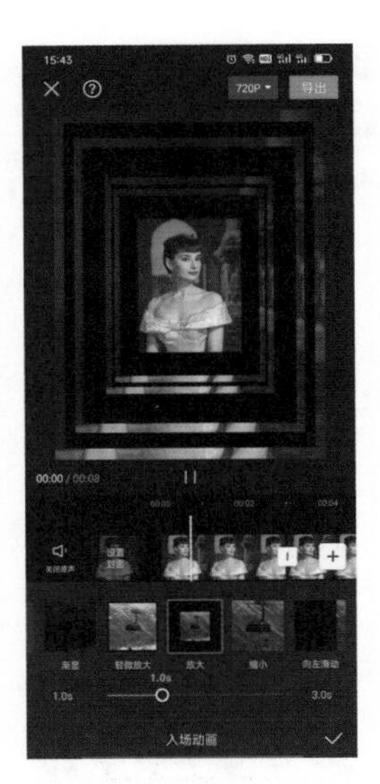
图4-102

步骤20 选择第二个视频轨道的第二段素材，在工具栏中找到【动画】按钮并点击，如图4-103所示。

步骤21 点击【出场动画】按钮，如图4-104所示，点击【缩小】选项，调整时长参数为1s，如图4-105所示。

图4-103

图4-104

图4-105

步骤22 用同样的方法给后面的素材添加动画效果，同一条轨道中的第一段素材设置为“入场动画”，第二段素材设置为“出场动画”，并逐层增加0.5s的动画时长。

步骤23 同样，第三个图片轨道中素材动画的入场和出场时长为1.5s，如图4-106和图4-107所示。

步骤24 以此类推，第四个图片轨道中的素材入场和出场的时长为2s。至此，多相框门动画效果就做好了。点击播放按钮▷播放视频，效果如图4-108所示。

图4-106

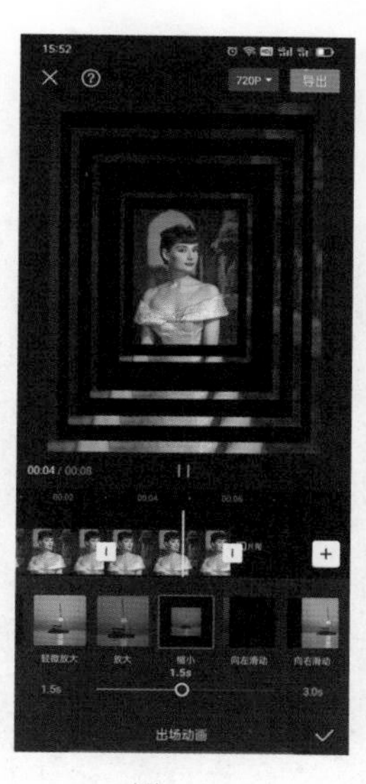

图4-107

图4-108

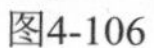

提示 如果给视频加上合适的文字和音乐，视频的效果会更好。

040 镜像转场，翻书动画效果

我们经常看到一些视频使用了类似翻书的动画效果，虽然可以使用专业的动画编辑软件来实现，但制作起来非常复杂。下面学习一下使用剪映的镜像转场功能来制作有趣的翻书动画效果。具体操作步骤如下：

步骤01 打开剪映，导入准备好的4幅图片素材，如图4-109所示。选择第二段素材，在下方工具栏中找到【切画中画】按钮，如图4-110所示。

图4-109

图4-110

步骤02 点击【切画中画】按钮，这时第二个素材轨道上面出现了刚刚切下去的素材，如图4-111所示，把第二个轨道上的图片素材与第一个轨道上的素材对齐，如图4-112所示。

步骤03 点击第二个轨道上的图片素材，在下方工具栏中找到【蒙版】按钮，如图4-113所示。

图4-111

图4-112

图4-113

步骤04 在“蒙版”页面点击【线性】选项，预览画面中出现了一条线，将这条线顺时针旋转90°，如图4-114所示。

步骤05 点击«按钮返回，在下方工具栏中找到【复制】按钮，如图4-115所示。

步骤06 点击【复制】按钮，这时在第二个轨道上面复制了一段素材，如图4-116所示，将复制的素材拖动至第三个轨道，并将其调整到轨道的开始位置，点击<按钮，如图4-117所示。

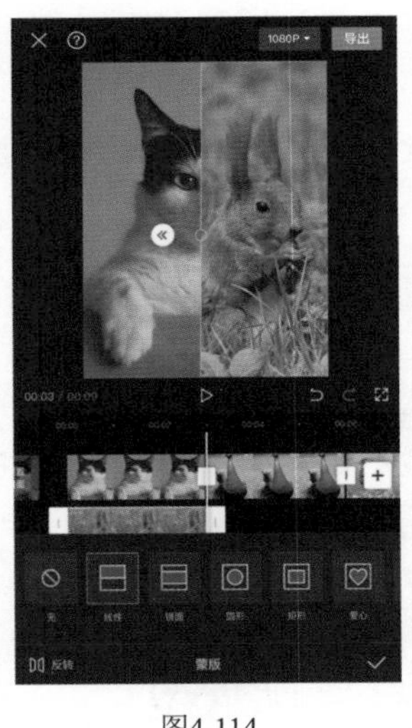
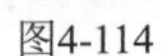

图4-114

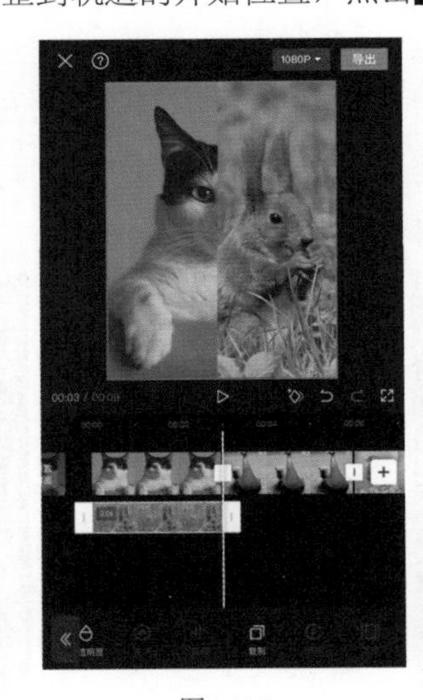

图4-115

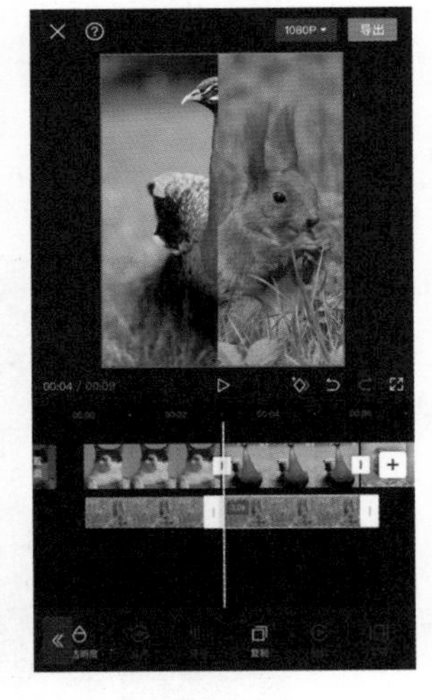

图4-116

步骤07 点击【蒙版】按钮，进入图4-118所示页面，点击【反转】选项，再点击✓按钮。

步骤08 选择第二个轨道中的第一段素材，将其时长设置为1.5s，如图4-119所示。

步骤09 点击第一个轨道中的第一段素材，点击【复制】按钮，如图4-120所示，这时第一个轨道的第一段素材被分成了2段，如图4-121所示。

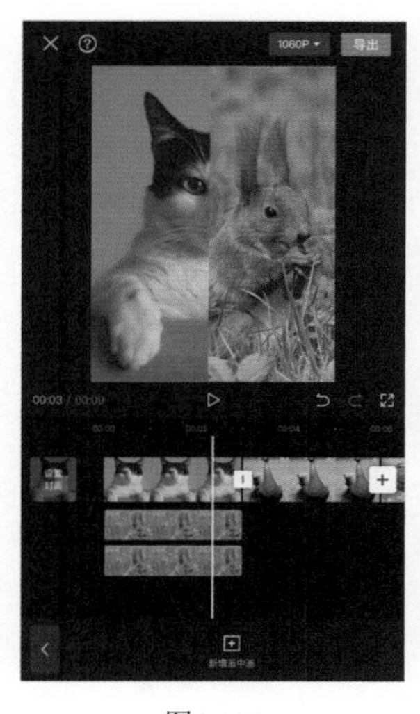

图4-117

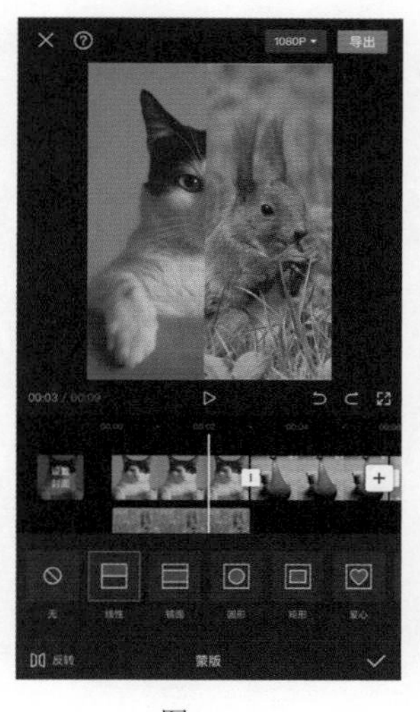

图4-118

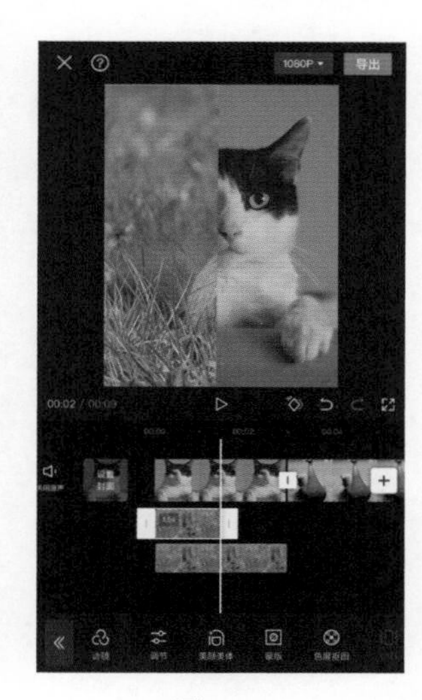

图4-119

步骤10 选择第一个轨道中第二段图片素材，点击工具栏中的【切画中画】按钮，如图4-122所示，刚刚切下的图片素材也出现在第二个轨道中，调整好它的位置，如图4-123所示。

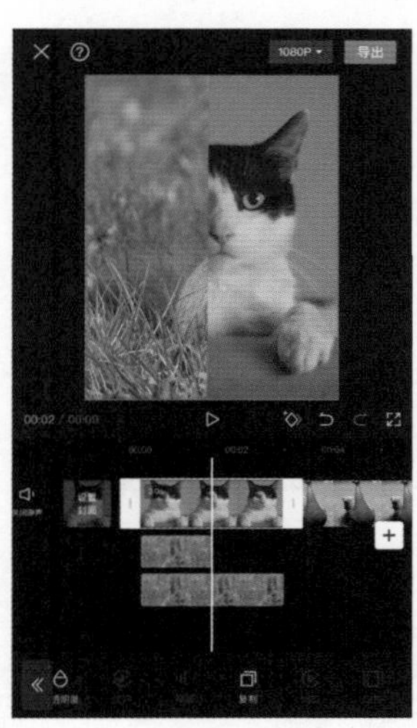

图4-120

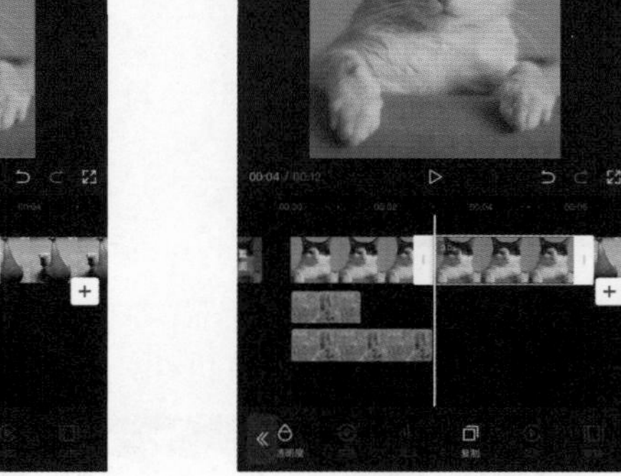

图4-121

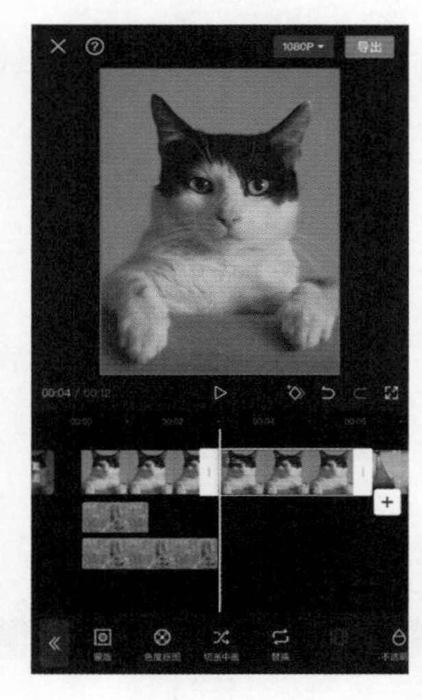

图4-122

步骤11 选择这段画中画素材，点击【分割】按钮，素材被分成了2段，如图4-124所示，第二个素材轨道中出现了3段素材，点击刚刚分割的第一段素材（即第二个轨道中间那段素材），点击【蒙版】按钮，如图4-125所示。

步骤12 在“蒙版”页面中选择【线性】选项，然后逆时针旋转-90°，点击✓按钮，如图4-126所示。

步骤13 点击【动画】按钮，如图4-127所示，点击【入场动画】按钮，如图4-128所示。

步骤14 选择【镜像翻转】选项，并把动画时长调整到1.5s，点击✓按钮，如图4-129所示。

步骤15 选择第二个轨道中的第一段素材，点击【动画】→【出场动画】选项，如图4-130所示，选择【镜像翻转】选项，调整其时长为1.5s，点击✓按钮，如图4-131所示。

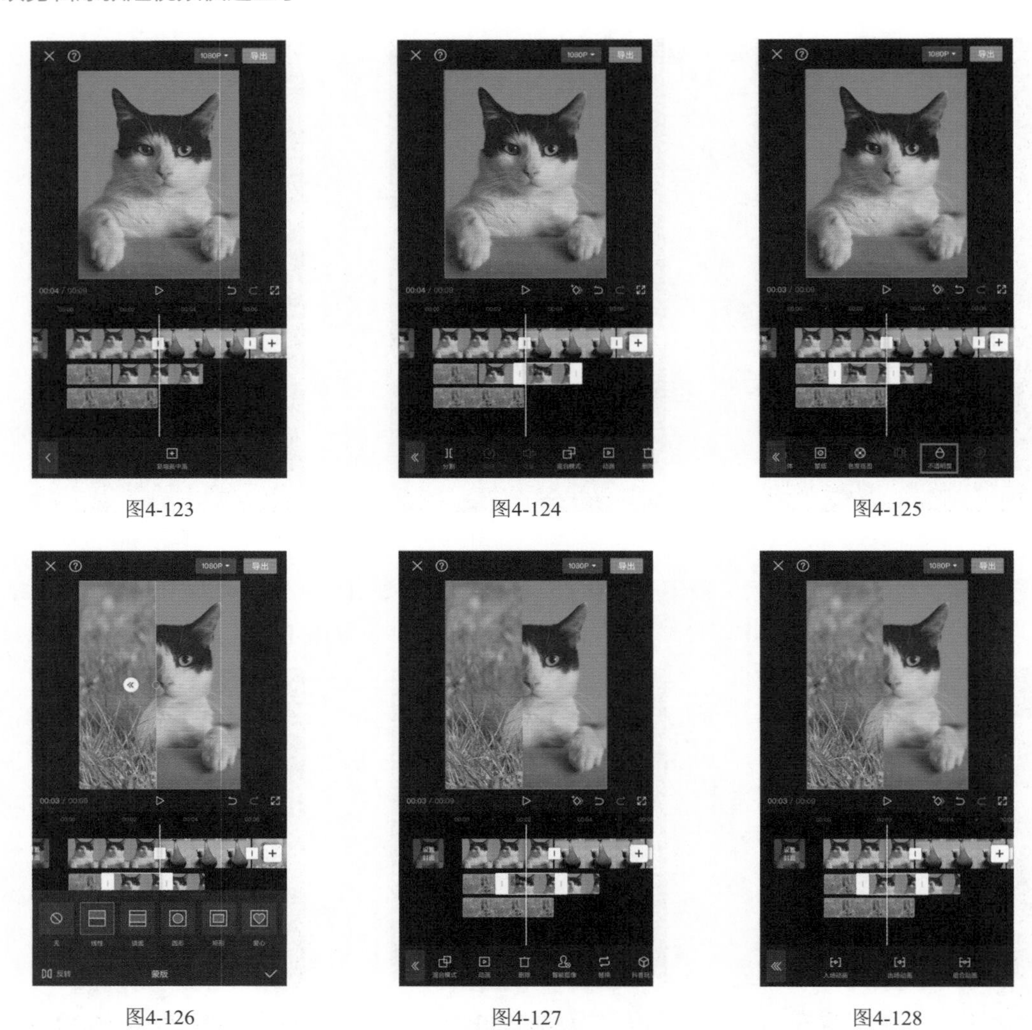

图4-123　图4-124　图4-125

图4-126　图4-127　图4-128

步骤16 至此，翻书动画制作完成。点击播放按钮 ▷ 播放视频，如图4-132所示。

图4-129　图4-130　图4-131　图4-132

041 线性蒙版，制作月亮上升效果

在影视作品中，我们经常看到美丽的夜景，如果在晴朗的夜空中出现冉冉上升的月亮，那这样的画面就唯美极了。下面学习一下使用剪映的线性蒙版来制作月亮上升的效果。具体操作步骤如下：

步骤01 打开剪映，添加准备好的素材，如图4-133所示。

步骤02 点击【画中画】→【新增画中画】选项，如图4-134所示。

步骤03 在“素材库”中搜索“月亮”素材，如图4-135所示，然后添加月亮素材，如图4-136所示。

图4-133

图4-134

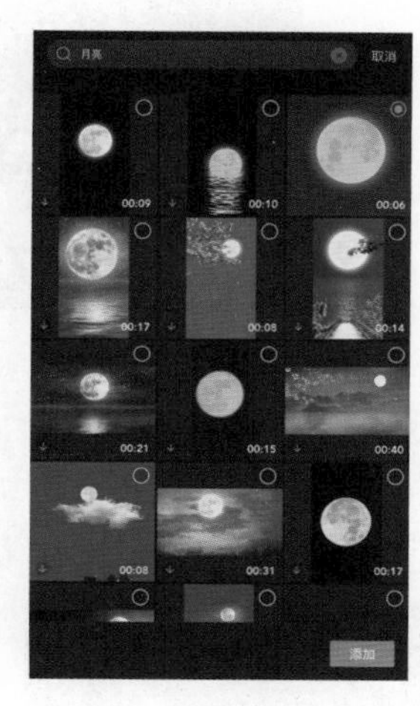

图4-135

步骤04 点击工具栏中的【混合模式】按钮，然后点击【滤色】按钮，如图4-137所示。

步骤05 在预览框中调整好月亮素材的位置和大小，把时间轴移动到素材开头处，在开头处加一个关键帧，如图4-138所示。

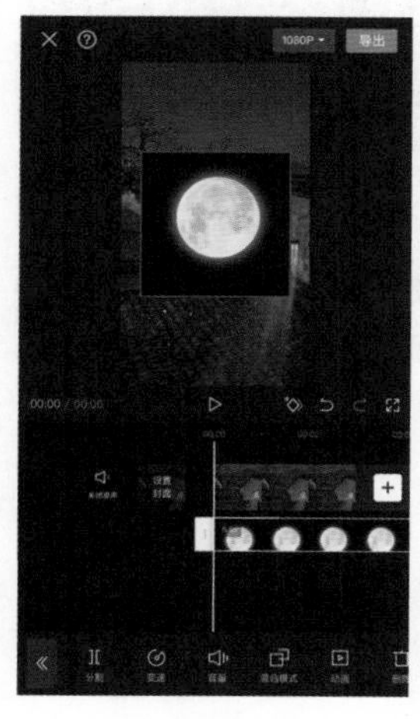

图4-136

图4-137

图4-138

步骤06 点击工具栏中的【蒙版】按钮，选择【线性】选项，然后点击【反转】按钮，如图4-139所示。

步骤07 在预览框中把蒙版线向上拉遮住月亮素材，如图4-140所示。

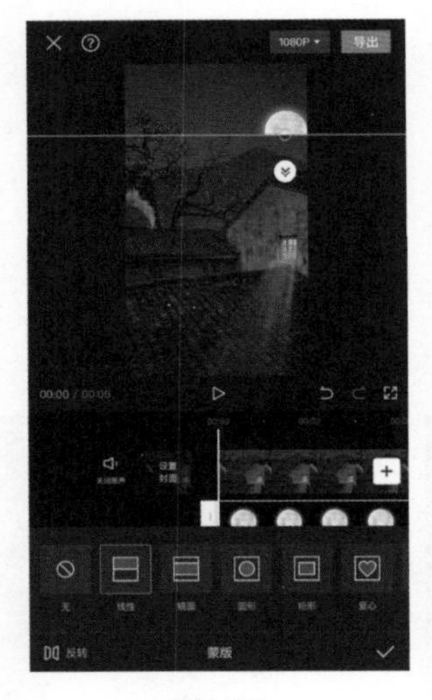

图4-139

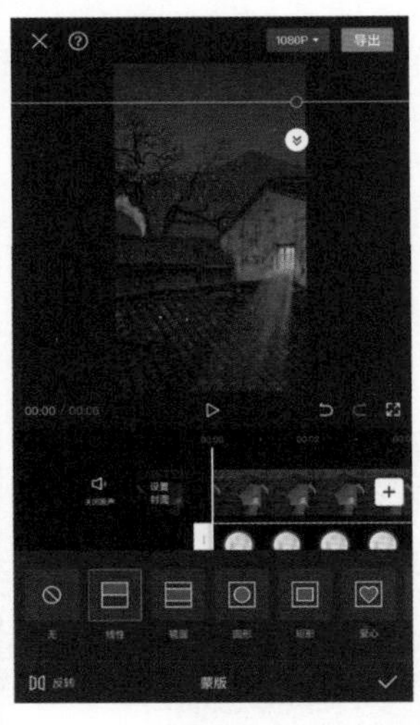

图4-140

步骤08 把时间线移到3s位置处，选中蒙版并拖动蒙版线将月亮露出来，如图4-141所示。这时，时间线上素材的3s处将自动生成一个关键帧，如图4-142所示。

步骤09 至此，月亮上升效果就完成了。点击播放按钮▷播放视频，效果如图4-143所示。

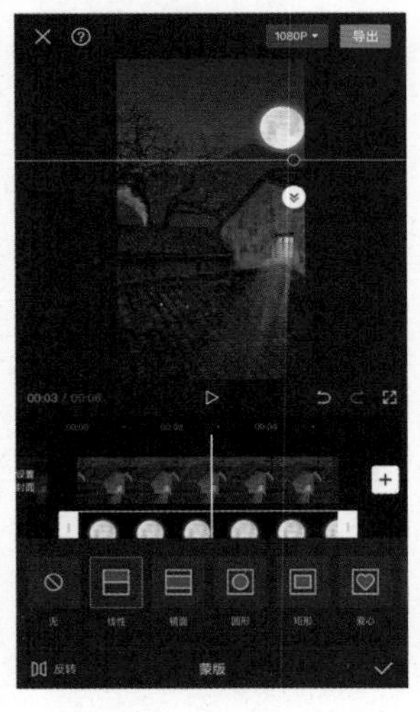

图4-141

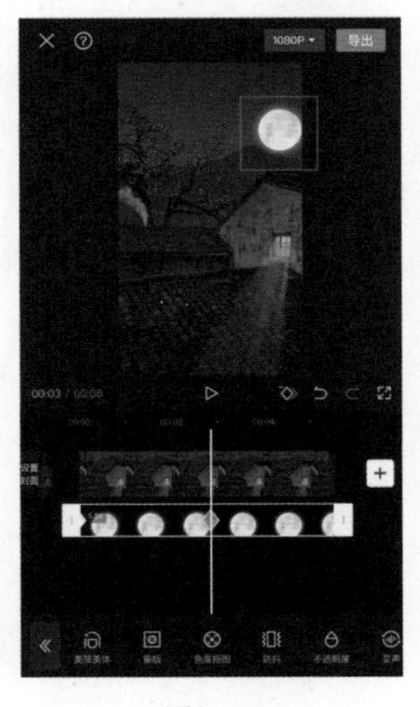

图4-142

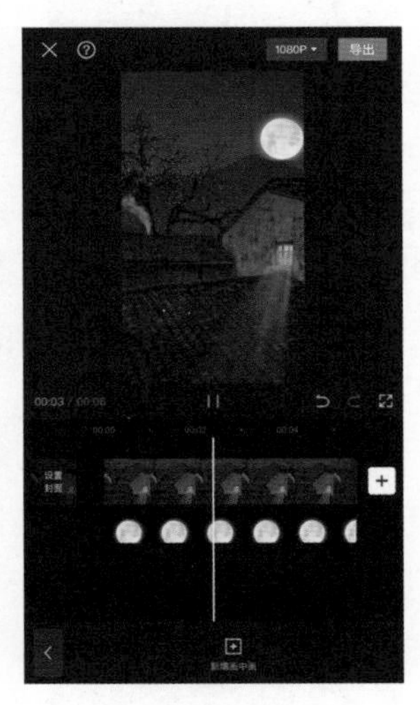

图4-143

042 颜色渐变，让草地快速变色

在视频编辑制作中，有时需要表达一些情感，比如表达老年人回忆童年的画面，画面从现代时尚的彩色时代过渡到过往的黑白时代；再比如表达时光流逝，大自然的草地从绿色变为黄色等。下面学习一下使用颜色渐变功能制作草地快速变色的效果。具体操作步骤如下：

步骤01 打开剪映，添加准备好的视频素材，如图4-144所示。

步骤02 在时间轨道上将进度条放在颜色开始渐变的位置，点击视频预览框下方的按钮，添加多个关键帧，如图4-145所示。

步骤03 选择第二个关键帧，在工具栏中找到并点击【滤镜】按钮，进入“滤镜”页面，选择一个可以体现季节变更的滤镜（这里选择“暮色”），调整滤镜参数为100，点击按钮，添加滤镜，如图4-146所示。

图4-144

图4-145

图4-146

步骤04 将进度条放在添加第一个关键帧的位置，点击【滤镜】按钮，如图4-147所示。

步骤05 进入【滤镜】页面，调整滤镜参数为0，点击按钮，如图4-148所示。

步骤06 至此，颜色渐变制作完成。播放视频，可以看到草地的颜色从翠绿逐渐变成了黄色，效果如图4-149所示。

图4-147

图4-148

图4-149

043 滤色功能，制作雪花纷飞效果

雪花纷飞的场景令人神往。下面学习一下使用剪映的滤色功能来制作雪花纷飞的效果。具体操作步骤如下：

步骤01 打开剪映，添加准备好的素材，如图4-150所示，点击工具栏中的【画中画】按钮，再点击【新增画中画】按钮，如图4-151所示。

步骤02 在素材库中搜索雪花素材，如图4-152所示。选择雪花素材进行添加，如图4-153所示。

图4-150

图4-151

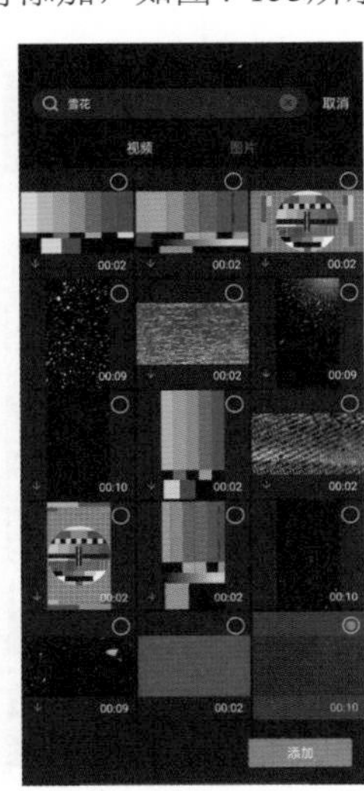

图4-152

步骤03 在下方工具栏中点击【混合模式】→【滤色】按钮，点击✓按钮，如图4-154所示。

步骤04 点击«按钮，再点击<按钮回到初始页面，点击【画中画】→【新增画中画】按钮，添加与开始一样的视频素材，这时新增了一个视频轨道，如图4-155所示。

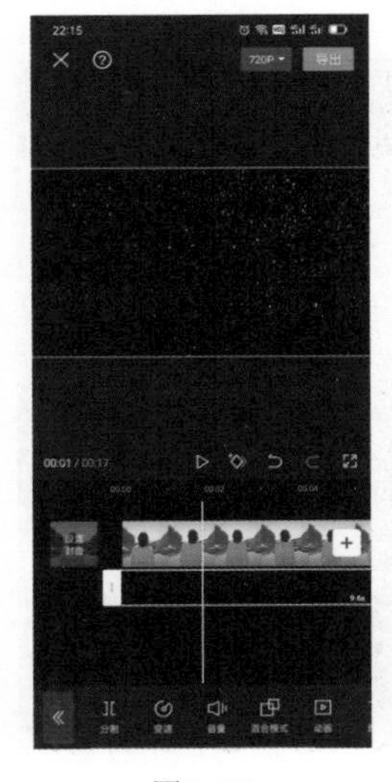

图4-153

图4-154

图4-155

步骤05 选择第二个视频轨道上的素材，点击工具栏中的【智能抠像】按钮，把人像抠出来，这样人像就能出现在雪花的前面，如图4-156所示。

步骤06 至此，雪花纷飞效果制作完成，点击播放按钮▷播放视频，效果如图4-157所示。

图4-156

图4-157

044 画中画，制作有趣的滑屏视频

我们经常在抖音上看到很火的、具有滑屏效果的视频，这种视频动画效果制作也很简单。我们可以使用剪映中的画中画功能来制作这种有趣的滑屏效果。具体操作步骤如下：

步骤01 打开剪映，添加准备好的视频素材，如图4-158所示，在工具栏中点击【比例】按钮，选择【9:16】选项，点击<按钮，如图4-159所示。

图4-158

图4-159

步骤02 在工具栏中点击【背景】按钮，如图4-160所示，把画布的颜色改为白色，点击✓按钮，如图4-161所示。

步骤03 在视频预览区中，把视频素材移动到画面的上部位置，如图4-162所示。

图4-160

图4-161

图4-162

步骤04 在工具栏中点击【画中画】→【新增画中画】按钮，如图4-163所示，导入另外两个视频素材，调整所有素材的位置，如图4-164所示，最后将编辑好的视频导出。

步骤05 在剪映主界面中，重新点击【开始创作】按钮，将刚刚导出的视频作为素材添加到文档中，如图4-165所示。

图4-163

图4-164

图4-165

步骤06 在工具栏中点击【比例】按钮，如图4-166所示，选择【16:9】选项，然后用手指把预览区域的视频放大，调整好视频的位置，如图4-167所示。

步骤07 将时间线移动到视频的开始位置（即0s的位置），单击视频预览区下方的◇按钮在此添加一个关键帧，如图4-168所示。

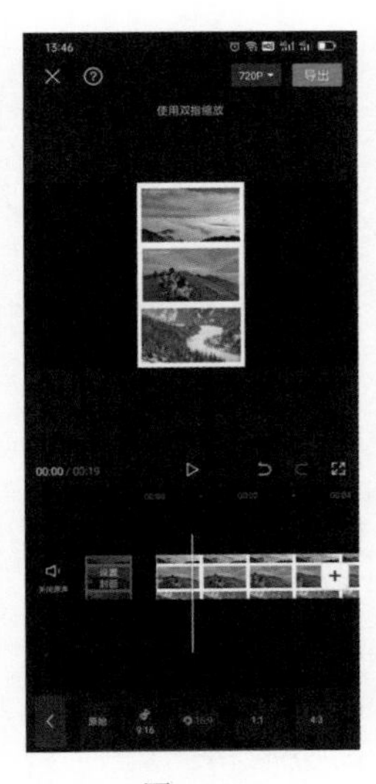

图4-166

图4-167

图4-168

步骤08 将时间线往后移到5s处，再添加一个关键帧，把视频往上移动，如图4-169所示。

步骤09 再将时间线往后移到10s处，再添加一个关键帧，把视频往上移动，如图4-170所示。

步骤10 至此，滑屏视频就做好了。点击播放按钮▷播放视频，效果如图4-171所示，没有问题就可以导出了。

图4-169

图4-170

图4-171

045 入场动画，制作滑动入场特效

入场动画在视频编辑中应用非常多，特别是视频片段的过度和进场时，剪映提供了30个动画入场效果，在剪辑中灵活运用它，可以使素材锦上添花。本例学习一下如何制作一个滑动入场的动画特效。具体操作步骤如下：

步骤01 打开剪映，点击【开始创作】按钮，添加准备好的3段视频素材，在轨道上选择第一段素材，在下方工具栏中点击【动画】按钮，如图4-172所示。

步骤02 点击【入场动画】按钮，如图4-173所示，进入“入场动画”页面，点击【渐显】选项，设置动画时长为2s，点击✓按钮，如图4-174所示。

图4-172

图4-173

图4-174

步骤03 选择轨道中的第二段素材，点击【动画】按钮，如图4-175所示。

步骤04 点击【入场动画】按钮，如图4-176所示，在“入场动画”页面中选择【向左滑动】选项，设置动画时间为1.3s，点击✓按钮，如图4-177所示。

图4-175

图4-176

图4-177

步骤05 选择轨道中的第三段素材，点击【动画】按钮，如图4-178所示。

步骤06 点击【入场动画】按钮，如图4-179所示。在“入场动画”页面，选择【旋转】选项，设置动画时长为1.3s，点击✓按钮，如图4-180所示。

图4-178

图4-179

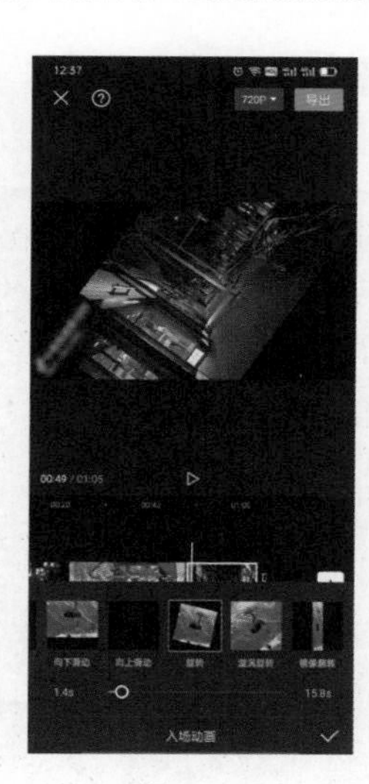

图4-180

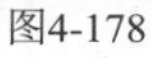

步骤07 至此，第三段素材的入场动画制作完成，点击播放按钮▷播放视频，动画效果如图4-181~图4-183所示。

图4-181

图4-182

图4-183

046 循环动画，制作照片向上连续滑动效果

在触摸屏动画中，经常看到一些图片可以用手指连续滑动的动画效果，即轻轻用手指向上或向下滑动，图片就会连续滑动，这种动画称为循环动画。本例将使用剪映的循环动画功能来制作照片向上连续滑动的动画效果。具体操作步骤如下：

步骤01 打开剪映，导入图片素材，如图4-184所示。

步骤02 点击工具栏中的【比例】按钮，选择【9:16】选项，如图4-185所示。

步骤03 点击《按钮返回，选中第一幅图片，如图4-186所示。点击工具栏中的【切画中画】按钮，这时自动将切取的内容放到第二个轨道上，如图4-187所示。

图4-184

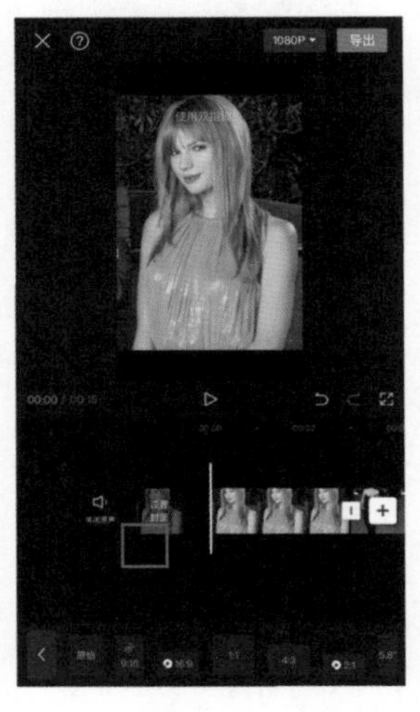

图4-185

图4-186

步骤04 点击◇按钮，在第二个轨道上的图片的前面和结尾处分别添加一个关键帧，如图4-188所示。

步骤05 选择最后一个关键帧，在视频预览区中，将这个图片素材向上平移到预览区外（看不见图中的红线为止），如图4-189所示。

图4-187

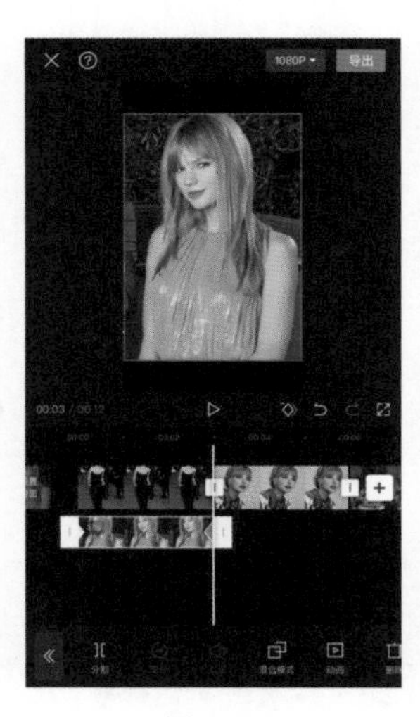

图4-188

图4-189

步骤06 点击第一个轨道上的第一幅图片，在图片的前面和结尾处分别添加一个关键帧，如图4-190所示。

步骤07 把时间轴移动到第一幅图片的开始位置，向下移动这幅图片，直到看不见红线为止，如图4-191所示。

步骤08 点击第一个轨道里的第二幅图片，点击工具栏中的【切画中画】按钮，如图4-192所示，把它切到第二个轨道，如图4-193所示。

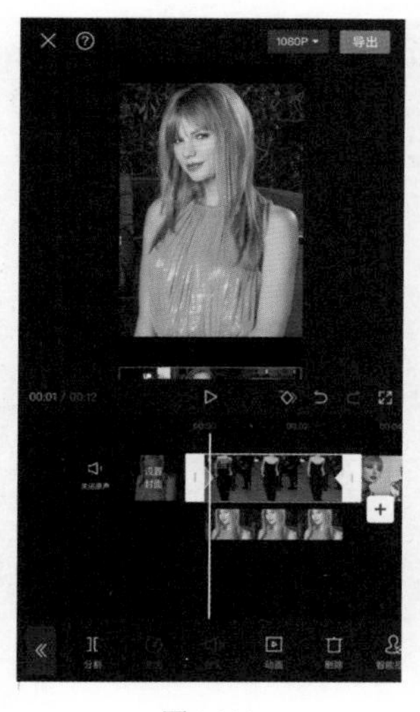
图4-190

图4-191

图4-192

步骤09 在图片的前面和结尾处分别添加一个关键帧，如图4-194所示。把时间轴移动到这幅图片的尾部，然后用手指把图片向上平移，直到看不见红线为止，如图4-195所示。

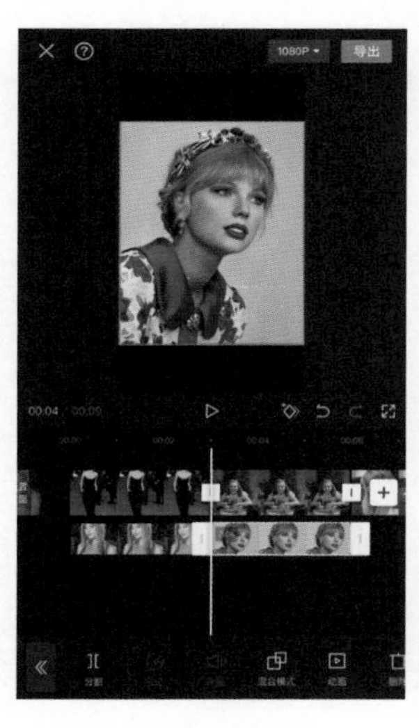
图4-193

图4-194

图4-195

提示 刚刚的图片为第一个图片轨道中的第二幅图片，移动到第二个轨道上后，它就变成了第二个轨道上的第二幅图片，下面继续点击第一个图片轨道中的第二幅图片。

步骤10 点击第一幅图片轨道中的第二幅图片，在图片的前面和结尾处分别添加一个关键帧，如图4-196所示，在第一个关键帧处，用手指把图片向下平移，直到看不见红线为止，如图4-197所示。

步骤11 同样的方法完成第三幅图片的制作。点击第一幅图片轨道中的第三幅图片，点击工具栏中的【切画中画】按钮，如图4-198所示，将它切到第二轨道。

步骤12 在这幅图片前面和结尾处分别添加一个关键帧，如图4-199所示。

图4-196

图4-197

图4-198

图4-199

步骤13 把时间轴移动到这个图片的结尾处，如图4-200所示，然后用手指把图片向上平移，直到看不见红线为止，如图4-201所示。

步骤14 至此，循环动画制作完成。点击播放按钮▷播放视频，效果如图4-202所示。

图4-200

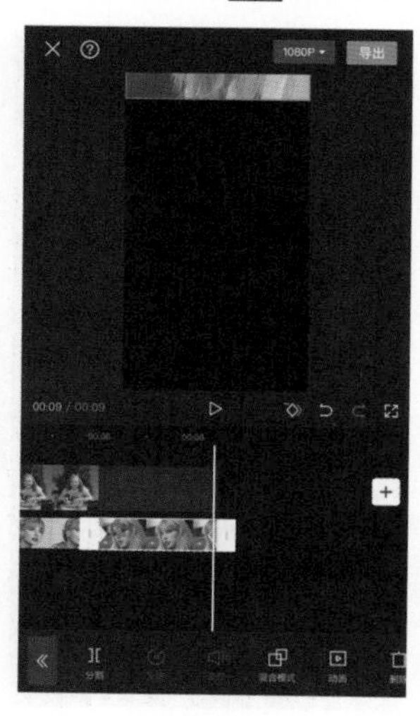

图4-201

图4-202

提示 通过本案例的制作，可以将剪映中制作循环动画的操作总结为，先添加素材图片，然后对每幅图片进行“切画中画”，再给切出的图片添加关键帧，最后将图片加上时间轴。

047 金片炸开，制作热门视觉冲击力动画特效

当我们编辑制作一些节日圣典、喜庆类视频时，为了突出热闹的气氛，经常需要为视频添加一些金片炸开的动画效果。本例将介绍如何使用剪映中的金片炸开的效果，来为图片制作具有视觉冲击力的动画特效。具体操作步骤如下：

步骤01 打开剪映，点击【开始创作】按钮，导入3幅图片素材，如图4-203所示。

步骤02 手指点在空白处（不要点素材），点击工具栏中的【特效】按钮，再点击【画面特效】按钮，如图4-204所示。

步骤03 在打开的页面中选择【金粉】→【金片炸开】选项，如图4-205所示，点击✓按钮确定。这时特效轨道上添加了一个“金片炸开”的特效，如图4-206所示。

图4-203

图4-204

图4-205

步骤04 把时间轴移到第三段素材，如图4-207所示。

步骤05 点击【特效】→【画面特效】按钮，选择【金粉】→【金片炸开】选项，如图4-208所示。

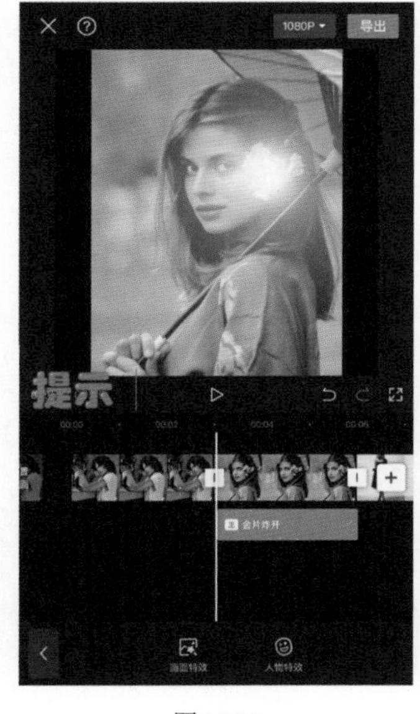

图4-206

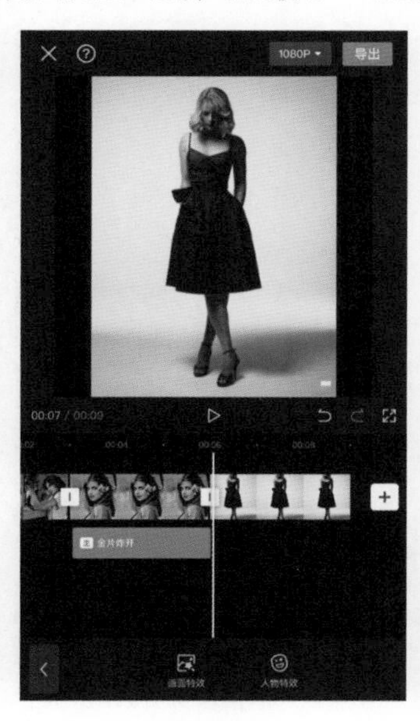

图4-207

图4-208

步骤06 点击✓按钮，这时特效轨道上一共添加了2段金片炸开特效，如图4-209所示。

步骤07 手指点击空白处，点击第一幅图片和第二幅图片之间的转场按钮，如图4-210所示。

步骤08 在页面中点击【渐变擦除】选项，设置时间参数为1s，如图4-211所示，点击✓按钮确定。

图4-209

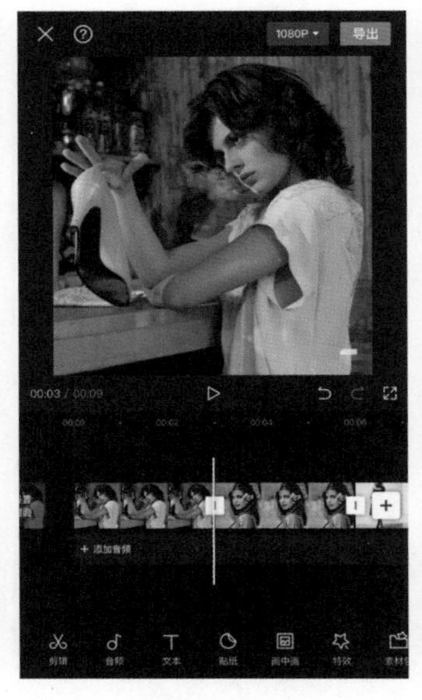

图4-210

图4-211

步骤09 点击第二幅图片和第三幅图片之间的转场按钮，如图4-212所示，点击【基础特效】→【模糊】选项，如图4-213所示。

步骤10 至此，金片炸开效果制作完成，点击播放按钮▷播放视频，效果如图4-214所示。

图4-212

图4-213

图4-214

第 5 章

10种人像处理，让人物更美、更有趣

本章提要

剪映的视频剪辑功能不仅表现在强大的调色、特效、字幕、音频处理等方面，而且最受用户喜欢的还有它强大的人像处理功能，主要表现在美颜、美体、大长腿、人面道具、大头效果、智能抠像等，这些效果既自然又好看，也有趣。本章将详细讲解剪映中最常用的10种人像处理方法，让人物更美、更有趣。

048 美颜功能，给人物磨皮瘦脸

众所周知，现在的手机都有美颜功能，只要开启了美颜功能拍摄的视频，视频中的人物都不再需要进行美化处理了。如果我们要对之前拍摄的没有美颜效果的视频做美化，该如何处理呢？本例将介绍如何使用剪映的美颜功能来编辑视频中的人物，对视频画面中的人物进行美颜处理，让人物形象更美丽，比如给人物磨皮瘦脸，让人物更年轻、五官更加精致等。具体操作步骤如下。

步骤01 打开剪映，点击【开始创作】按钮，添加准备好的视频素材，如图5-1所示。

步骤02 在工具栏中点击【画中画】→【新增画中画】按钮，导入画中画素材，如图5-2所示。

步骤03 选择画中画素材，点击工具栏中的【智能抠像】按钮，如图5-3所示，这样画面中的人物就被抠出来了，效果如图5-4所示。

图5-1

图5-2

图5-3

步骤04 点击工具栏中的【美颜美体】按钮，如图5-5所示，在“美颜美体”页面点击【智能美颜】按钮，如图5-6所示。

图5-4

图5-5

图5-6

步骤05 在“智能美颜”页面中，选择【磨皮】选项，调整参数为43，如图5-7所示。

步骤06 选择【瘦脸】选项，调整参数为78，如图5-8所示。

步骤07 至此，人物磨皮、瘦脸就完成了，点击播放按钮▷播放视频，效果如图5-9所示。

图5-7

图5-8

图5-9

提示 选择画中画，把人物抠出来单独美颜，这是为了方便调色时不让周围的环境受到影响。因为有时候拍摄出来的素材需要调色，然后再进行美颜。

049 美体功能，给人物瘦身瘦腰

剪映不仅具有美颜功能，还有美体功能，可以对视频中的人物进行瘦身瘦腰处理。本例将介绍使用剪映对视频中的人物进行瘦身瘦腰处理。具体操作步骤如下：

步骤01 打开剪映，点击【开始创作】按钮，添加准备好的视频素材，如图5-10所示。

步骤02 点击工具栏中的【美颜美体】按钮，如图5-11所示。

图5-10

图5-11

步骤03 点击【智能美体】按钮，如图5-12所示。在“智能美体”页面中点击【瘦身】按钮，调整参数为100，如图5-13所示。

图5-12

图5-13

步骤04 在“智能美体”页面中点击【瘦腰】按钮，调整参数为85，如图5-14所示。

步骤05 至此，瘦身瘦腰制作完成，点击播放按钮▷播放视频，效果如图5-15所示。

图5-14

图5-15

050 长腿功能，拥有完美身材

拥有一个凸显身材的大长腿是许多女性的梦想，我们可以使用剪映的长腿功能，轻松帮助视频中的人物实现这个梦想。具体操作步骤如下：

步骤01 打开剪映，点击【开始创作】按钮，添加视频素材，如图5-16所示。

步骤02 选择素材，点击工具栏中的【美颜美体】按钮，如图5-17所示。

图5-16

图5-17

步骤03 在“美颜美体”页面中点击【智能美体】按钮，如图5-18所示。

步骤04 在“智能美体“页面中点击【长 腿】按钮，调整相应参数，点击✓按钮，如图5-19所示。长腿效果视频就做好了。

图5-18

图5-19

051 3D照片功能，让照片秒变立体效果

在一些场景中，平面的图片会让画面显得有点呆板。如果把平面的图片变为立体效果，画面就有不一样的感觉。利用剪映的3D照片功能就可以把2D照片变为3D立体效果。具体操作步骤如下：

步骤01 打开剪映，点击【开始创作】按钮，添加图片素材，如图5-20所示。

步骤02 选择素材，把素材拖到合适的长度，点击工具栏中的【抖音玩法】按钮，如图5-21所示。

图5-20

图5-21

步骤03 在“抖音玩法”页面中点击【3D照片】按钮，如图5-22所示，效果生成加载完之后，点击✓按钮确定。

步骤04 至此，制作完成，点击播放按钮▷播放视频，效果如图5-23所示。

图5-22

图5-23

052 魔法变身，打造魔幻人物

一幅平平无奇的照片，怎么把它做成视频中的魔幻变身效果呢？本例将使用剪映的魔法变身功能来打造魔幻人物。具体操作步骤如下：

步骤01 打开剪映，点击【开始创作】按钮，添加素材，如图5-24所示。

步骤02 把素材拉到合适长度（这里拖到第8s处），如图5-25所示。在第4s处，点击【分割】按钮，把照片分割成2段，如图5-26所示。

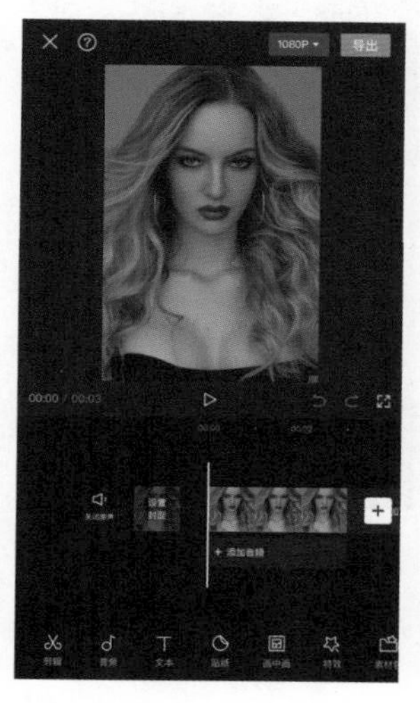

图5-24

图5-25

图5-26

步骤03 在分割处点击【转场】按钮，如图5-27所示。然后在“转场”页面点击【基础转场】→【泛光】选项，调整其时长参数为1s，如图5-28所示。

步骤04 选择第一段素材，点击【动画】按钮，如图5-29所示。

图5-27

图5-28

图5-29

步骤05 点击【入场动画】选项，如图5-30所示，在“入场动画”页面点击【轻微抖动III】选项，调整其时长为4s，如图5-31所示。

步骤06 将时间轴移动到第二段素材，点击【特效】按钮，如图5-32所示，然后点击【画面特效】按钮，如图5-33所示。

步骤07 点击【动感】→【波纹色差】选项，然后点击✓按钮确定，如图5-34所示。

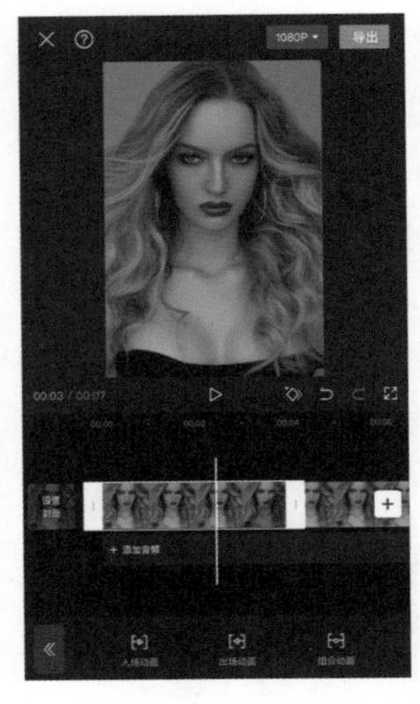

图5-30

图5-31

图5-32

步骤08 点击【氛围】→【星火】选项，然后点击按钮确定，如图5-35所示。

步骤09 点击【暗黑】→【黑羽毛】选项，然后点击按钮确定，如图5-36所示。

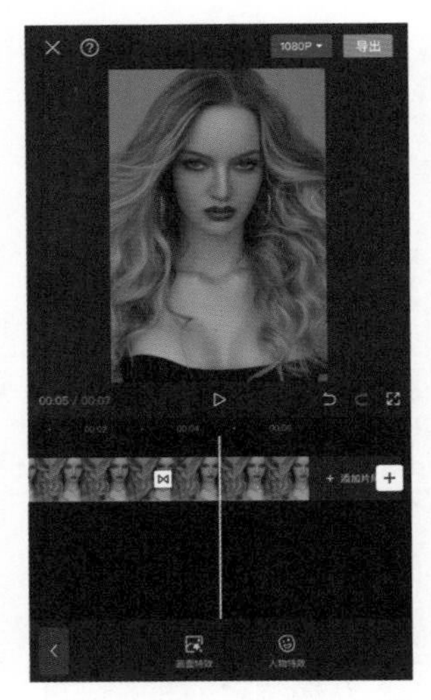

图5-33

图5-34

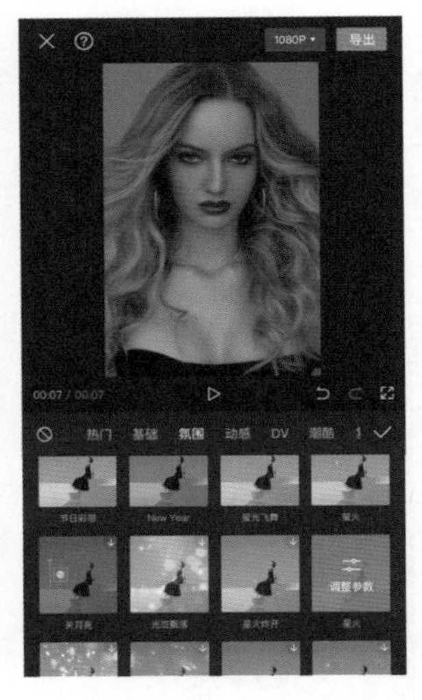

图5-35

步骤10 点击【特效】→【人物特效】按钮，如图5-37所示。

步骤11 点击【头饰】→【恶魔角】选项，然后点击按钮确定，如图5-38所示。

步骤12 点击【滤镜】按钮，如图5-39所示，在“滤镜”页面中点击【精选】→【德古拉】滤镜，调整参数为100，点击按钮确定，如图5-40所示。

步骤13 在“滤镜”页面中点击【复古胶片】→【普林斯顿】滤镜，调整参数为50，点击按钮确定，如图5-41所示。

步骤14 选择第二段素材，点击【抖音玩法】按钮，如图5-42所示。

步骤15 点击【3D游戏】选项，如图5-43所示，然后点击按钮确定。

步骤16 至此，魔幻人物特效制作完成，点击播放按钮播放视频，效果如图5-44所示。

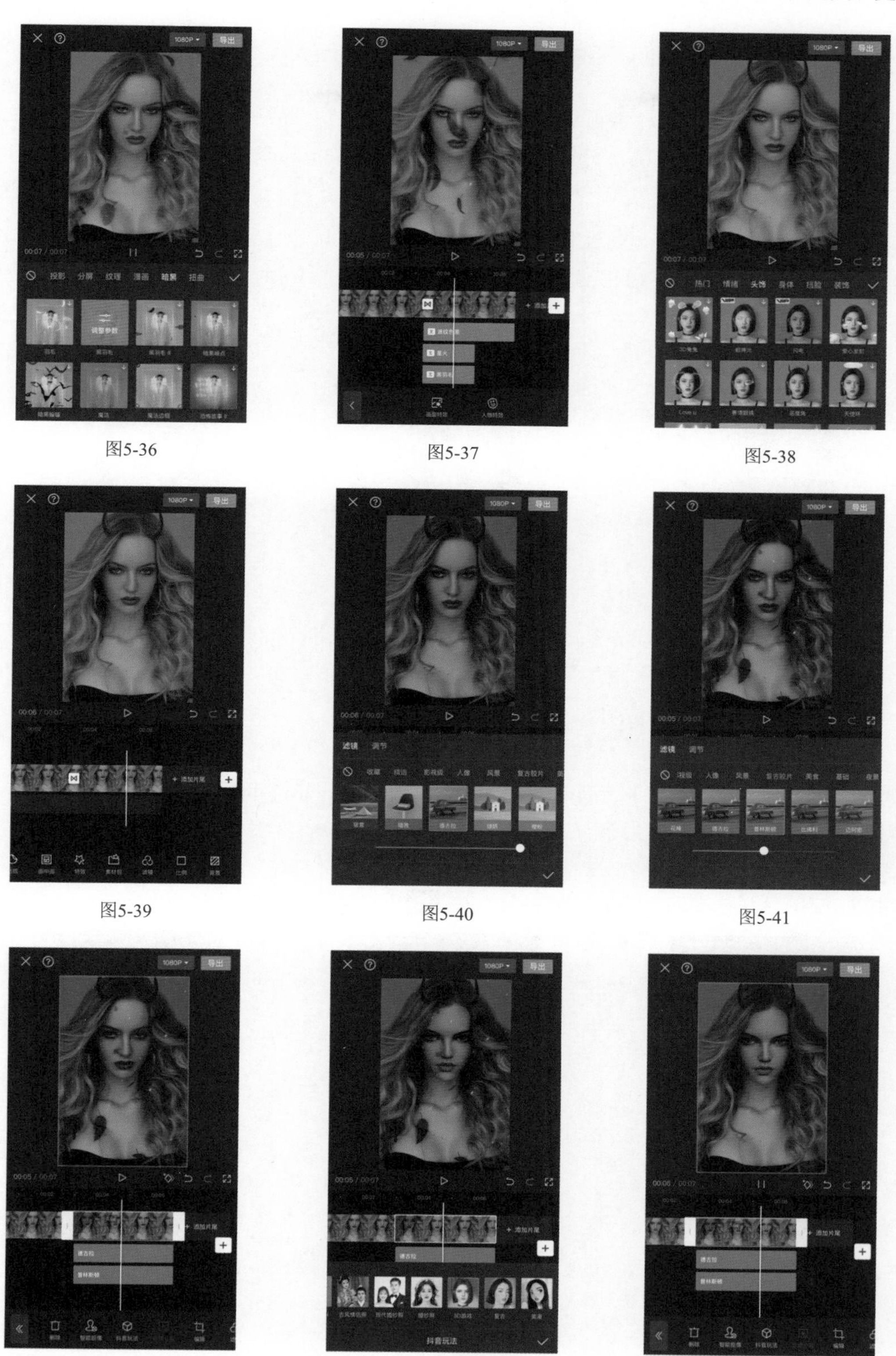

图5-36 图5-37 图5-38

图5-39 图5-40 图5-41

图5-42 图5-43 图5-44

053 人脸道具，避免真人出镜

很多短视频创作者在创作短视频时，不想真人出镜，怎么办？其实，可以使用剪映中的人脸道具，就可以避免真人出镜。下面详细介绍如何使用人脸道具来编辑拍摄好的短视频。具体操作步骤如下：

步骤01 打开剪映，点击【开始创作】按钮，添加准备好的素材，如图5-45所示。

步骤02 点击工具栏中的【特效】按钮，如图5-46所示，然后点击【人物特效】按钮，如图5-47所示。

图5-45

图5-46

图5-47

步骤03 在页面中点击【形象】选项，选择一个喜欢的形象，如图5-48所示。

步骤04 点击✓按钮确定，即可在视频轨道下面添加一个特效，将特效轨道的时长调整为与视频轨道的时长一样，如图5-49所示。

步骤05 至此，人脸道具编辑完成。点击播放按钮▷播放视频，效果如图5-50所示。

图5-48

图5-49

图5-50

054 大头效果，爆笑好玩

为了给视频增加趣味性，同时也不让观众看到我们的真面目，可以给视频中的人物添加好玩的大头效果。下面详细讲解使用剪映给视频中人物添加大头效果，让视频更爆笑、更好玩。具体操作步骤如下：

步骤01 打开剪映，点击【开始创作】按钮，添加准备好的素材，如图5-51所示。

步骤02 选择素材并将其拖到合适的长度，点击工具栏中的【抖音玩法】按钮，如图5-52所示。

图5-51

图5-52

步骤03 在“抖音玩法”页面中，点击【大头】按钮，如图5-53所示，效果生成加载完之后，点击✓按钮确定。

步骤04 至此，制作完成，点击播放按钮▷播放视频，如图5-54所示。

图5-53

图5-54

055 漫画功能，让人物秒变漫画脸

如果比较喜欢某个漫画人物，可以把视频中的人脸变成自己喜欢的漫画脸。本例讲解使用剪映的漫画功能，来制作人物变漫画脸的特效。具体操作步骤如下：

步骤01 打开剪映，点击【开始创作】按钮，添加准备好的2段视频素材，如图5-55所示。

步骤02 将时间轴移到让人物变成漫画脸的位置，选择第二段视频素材，点击工具栏中的【抖音玩法】按钮，如图5-56所示。

步骤03 在“抖音玩法”页面中，有“美漫”“萌漫”“剪纸”“港漫”“日漫”五种漫画，如图5-57和图5-58所示。

图5-55

图5-56

图5-57

步骤04 选择一种漫画特效，这里选择【美漫】特效，点击✓按钮，如图5-59所示。

步骤05 这样第二段视频的漫画特效完成了，接下来可以在变漫画特效之前加一个转场特效。点击视频素材之间的“转场”按钮，如图5-60所示。

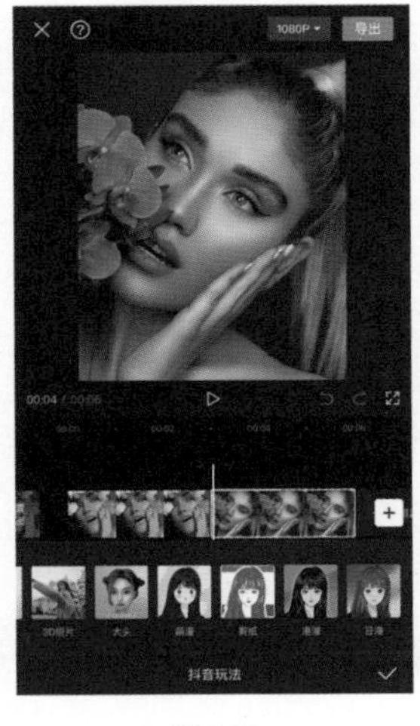

图5-58

图5-59

图5-60

步骤06 在“转场”页面中选择【基础转场】→【闪光灯】选项，设置时长为1.5s，点击✓按钮，如图5-61所示。

步骤07 至此，漫画效果完成，点击播放按钮▷播放视频，效果如图5-62所示。

图5-61

图5-62

056 变宝宝效果，超级好玩

剪映中有一些超级好玩的功能，比如很多成年人都喜欢用到的变宝宝功能。本例介绍一下如何使用剪映的变宝宝功能，将成年人快速变成超级可爱的小宝宝。具体操作步骤如下：

步骤01 打开剪映，点击【开始创作】按钮，添加两个图片素材，如图5-63所示。

步骤02 选择第二段素材，点击工具栏中的【抖音玩法】按钮，如图5-64所示。

图5-63

图5-64

步骤03 在“抖音玩法”页面中，点击【变宝宝】按钮，此时人物脸就变成了宝宝脸，点击✓按钮，如图5-65所示。

步骤04 点击一下空白处，这时两幅图片之间会出现转场按钮，如图5-66所示。

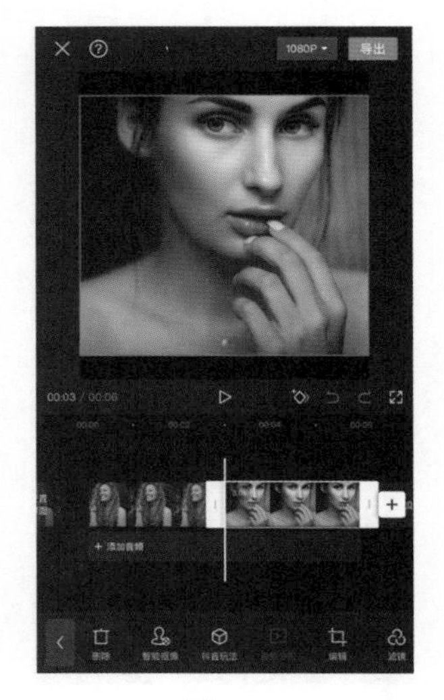

图5-65

图5-66

步骤05 点击转场按钮，选择【基础转场】→【岁月的痕迹】选项，给素材添加一个转场，设置时长为1.5s，如图5-67所示。

步骤06 至此，变宝宝特效就做好了。点击播放按钮▷播放视频，如图5-68所示。

图5-67

图5-68

057 智能抠像，轻松抠出视频中的人物

视频抠像在视频编辑中经常用到，它也是视频编辑中最基本的必备技能，比如，给视频换

背景，将视频中的人物抠出放到其他场景中去。很多视频编辑初学者都认为视频抠像是视频处理的一大技术难题，而使用剪映的智能抠像功能，则可以轻松抠出视频中的人物。具体操作步骤如下：

步骤01 打开剪映，点击【开始创作】按钮，添加视频素材，如图5-69所示。

步骤02 在视频轨道中选择素材，点击工具栏中的【智能抠像】按钮，即可将视频中的人物抠出来，如图5-70所示。

图5-69

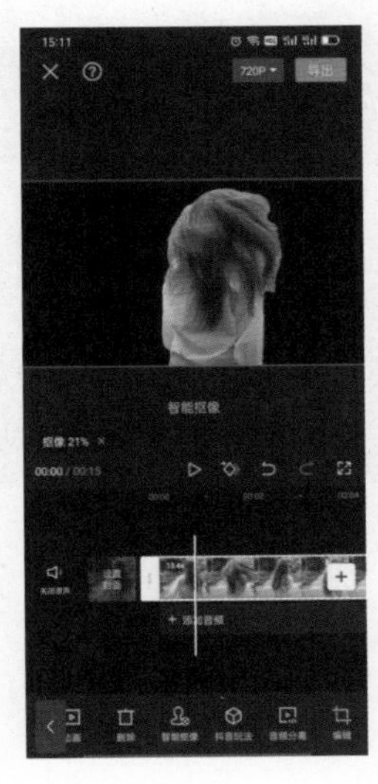

图5-70

步骤03 选择素材，点击【滤镜】按钮，如图5-71所示。

步骤04 在“滤镜”页面中点击【黑白】→【黑金滤镜】选项，设置其参数为最大，这样视频中的人像将会被抠得更加干净，如图5-72所示。

步骤05 点击✓按钮，至此，视频抠像操作完成。

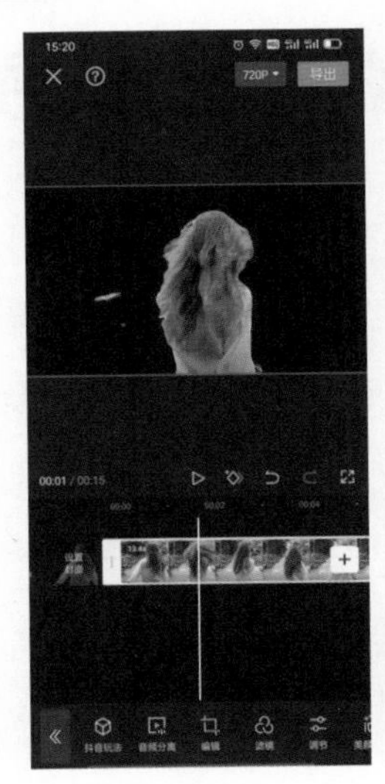

图5-71

图5-72

第 6 章

15种字幕效果，丰富画面信息

本章提要

无论是短视频、电影还是电视剧，都少不了字幕的使用，字幕对帮助观众理解视频内容起着独特的作用。因为字幕不仅可以增强观众的理解力和记忆力，还可以让观看视频更加自由，即使视频没有声音，也可以通过字幕欣赏视频的内容。本章将详细讲解剪映常用的15种字幕效果的剪辑方法，可以大大丰富视频的画面信息。

058 文字样式，实现多样风格效果

在前面的章节中学习了很多特效和素材处理方法，本节将开始学习文字处理方法，使用文字样式实现多样风格效果。具体操作步骤如下：

步骤01 打开剪映，点击【开始创作】按钮，添加视频素材，如图6-1所示。

步骤02 点击空白处，然后点击工具栏中的【文字】按钮，如图6-2所示。进入如图6-3所示的“字体”编辑页面。

图6-1

图6-2

图6-3

步骤03 在“字体”编辑页面中点击【新建文本】按钮，进入文本编辑页面，如图6-4所示。

步骤04 输入“金色大道”文字，如图6-5所示。

步骤05 设置文字字体。在【字体】选项卡中选择一款合适的字体，如图6-6所示。

图6-4

图6-5

图6-6

提示 在“字体”选项卡下有“中文”“英文”“其他”三个选项，如果输入的是中文，就选择“中文”选项；如果输入的是英文，就选择“英文”选项，如图6-7所示；如果输入的是其他国家的文字，就选择“其他”选项，如图6-8所示。

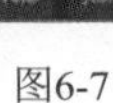

图6-7

图6-8

步骤06 设置字体样式。进入样式页面，在【样式】选项卡中，有很多文字样式效果可供选择，如图6-9所示。

步骤07 点击【文本】按钮，再点击下面的小色块，为字体设置颜色，并调整文字的透明度，如图6-10所示。

步骤08 点击【描边】按钮，可以为文字添加描边效果，还可以调整描边的粗细度参数，如图6-11所示。

图6-9

图6-10

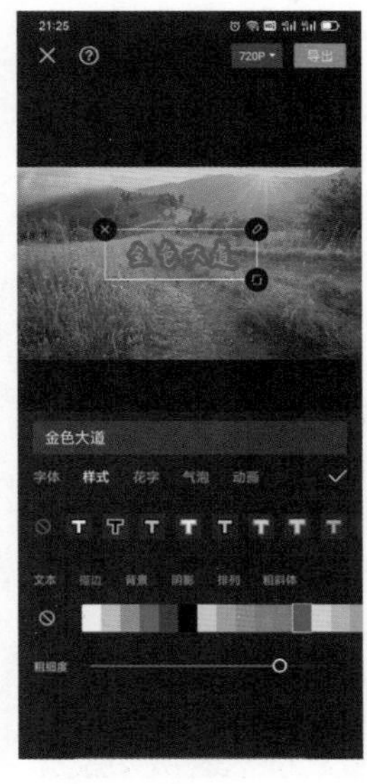

图6-11

步骤09 点击【背景】按钮，可以为文字添加背景，并设置背景的颜色和透明度，如图6-12所示。

步骤10 点击【阴影】按钮，可以为文字添加不同颜色的阴影，并调整其透明度、模糊度，以及调整阴影离文字的距离和角度，如图6-13所示。

> **提示** 角度参数为负数时，阴影出现在文字的下方；角度参数为正数时，阴影则会出现在文字的上方，如图6-14所示。

图6-12

图6-13

图6-14

步骤11 点击【排列】按钮，可以设置文字的排列方式，分为横排和竖排两种类型，每种类型有三种对齐方式：左对齐、居中对齐、右对齐，如图6-15和图6-16所示。

步骤12 在图6-17所示中可以设置文本字号的大小、字间距和行间距等参数。

图6-15

图6-16

图6-17

步骤13 点击【粗斜体】按钮，可以为文字设置加粗、斜体和加下划线，如图6-18所示。

步骤14 为文字设置花字效果。点击【花字】按钮，即可为文字设置不同的花字效果，如图6-19所示。

步骤15 为文字设置气泡效果。点击【气泡】按钮，在下面的页面中选择不同的气泡效果，如图6-20所示。

图6-18

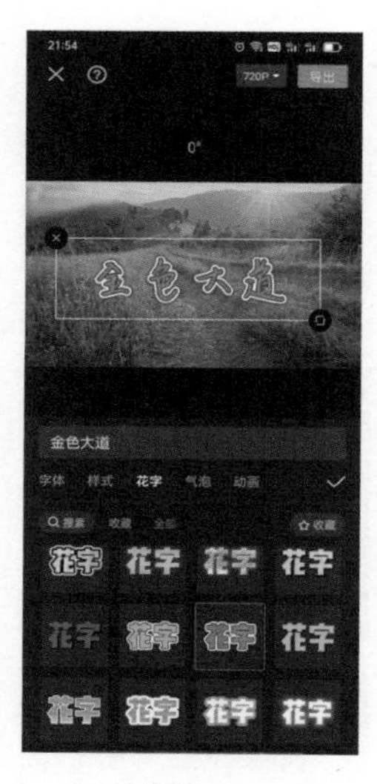

图6-19

图6-20

> **提示** 为文字添加不同效果的底色背景，就叫作气泡效果。

步骤16 设置文字的动画效果。点击【动画】按钮，进入文字动画设置页面，可以为文字设置“入场动画”“出场动画”和“循环动画”三种类型的动画，如图6-21所示。

步骤17 选择“入场动画”选项，然后选择【向右缓入】选项，设置时长为1.5s，如图6-22所示。

图6-21

图6-22

步骤18 文字样式设置完成后，点击✓按钮即可完成文字样式设置。

059 文字模板，自动套用字幕效果

文字模板是剪映自带的具有文字样式的文本，可以迅速生成美观的字幕效果，不需要我们对文字做很多烦琐的设置。下面讲解一下如何在剪映中使用文字模板来制作字幕效果。具体操作步骤如下：

步骤01 打开剪映App，点击【开始创作】按钮，再点击【添加】按钮，选择需要添加的素材，如图6-23所示。

步骤02 进入视频剪辑页面，点击【文本】按钮，如图6-24所示。再点击【文字模板】按钮，如图6-25所示。

图6-23

图6-24

图6-25

步骤03 在"文字模板"页面中，选择喜欢的文字模板，点击✓按钮，如图6-26所示。

步骤04 可以看到，视频轨道下面添加了一个文字模板，如图6-27所示。

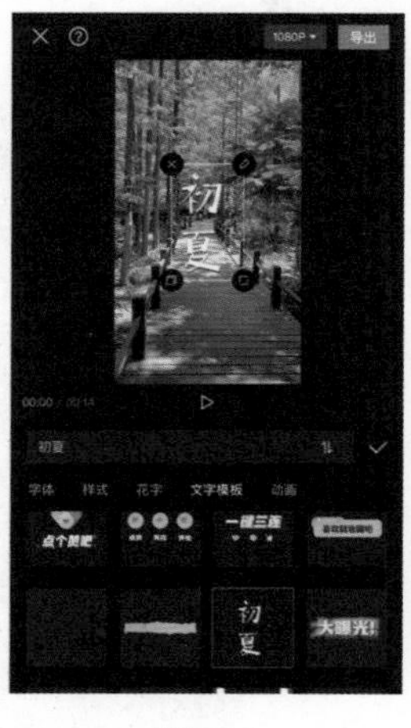

图6-26

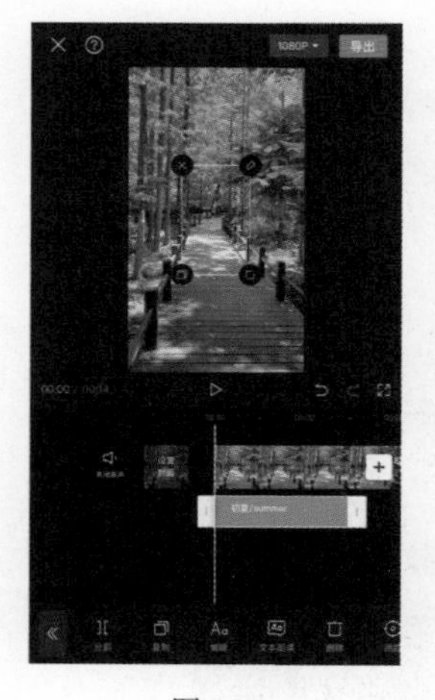

图6-27

步骤05 文字模板中有海量模板可供使用，包括一些常见的片头字幕、片尾字幕，以及一些热门的字幕等，我们可以根据视频内容的场景选择合适的模板。

060 识别字幕，自动添加视频字幕

在制作视频配字幕时，如果一句一句地手动录入视频字幕比较费时，使用剪映提供的字幕识别功能就可以自动识别字幕，然后只需对识别出来的字幕内容中的错误进行修改，即可完成视频配字幕工作，这样大大提高了添加视频字幕的效率。具体操作步骤如下：

步骤01 打开剪映，点击【开始创作】按钮，添加视频素材，如图6-28所示。

步骤02 点击空白处，然后点击工具栏中的【文字】按钮，如图6-29所示。进入如图6-30所示的页面。

图6-28

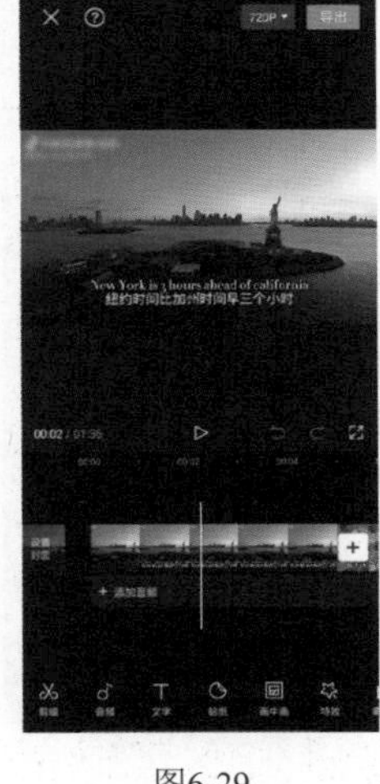

图6-29

图6-30

步骤03 点击【字幕识别】按钮，如图6-31所示。

步骤04 在“字幕识别”页面进行相应的设置，设置完成后点击【开始识别】按钮，如图6-32所示。

步骤05 系统识别完毕之后，在视频轨道下方生成了字幕轨道，如图6-33所示。我们可以根据需要对识别出来的字幕进行编辑修改。

图6-31

图6-32

图6-33

061 识别歌词，提取音频歌词内容

为歌曲类视频配上文字时，需要把歌词做成字幕，如果采用手动录入字幕就太麻烦了，使用剪映的识别歌词功能，可以将音频中的歌词内容提取出来。值得注意的是，剪映的识别歌词功能目前只支持识别中文歌词，所以要选择中文歌曲。具体操作步骤如下：

步骤01 打开剪映，点击【开始创作】，添加视频素材，如图6-34所示。

步骤02 点击空白处，然后点击工具栏中的【文字】按钮，如图6-35所示。

步骤03 点击【识别歌词】按钮，如图6-36所示。

图6-34

图6-35

图6-36

步骤04 点击【开始识别】按钮，如图6-37所示。

步骤05 系统开始自动识别，识别完成后，视频轨道下面添加了一个文字轨道，文字轨道中显示已经识别完成的歌词，如图6-38所示。最后点击字幕，就可以对歌词进行编辑了。

图6-37

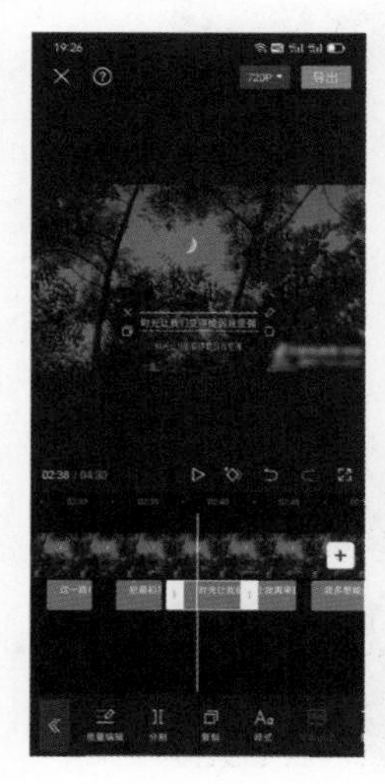

图6-38

062 变色歌词，超好看的KTV效果

给歌词变色常用于编辑KTV效果的视频中，如果采用传统的手工来做这种效果，会非常烦琐。剪映提供了变色歌词的功能，使得制作KTV的变色歌词变得非常简单。具体操作步骤如下：

步骤01 打开剪映，点击【开始创作】按钮，添加图片素材，如图6-39所示。

步骤02 点击【音频】→【音乐】按钮，在如图6-40所示的页面中，选择一首合适的歌曲添加即可。

步骤03 调整音频轨道的长度，如图6-41所示。

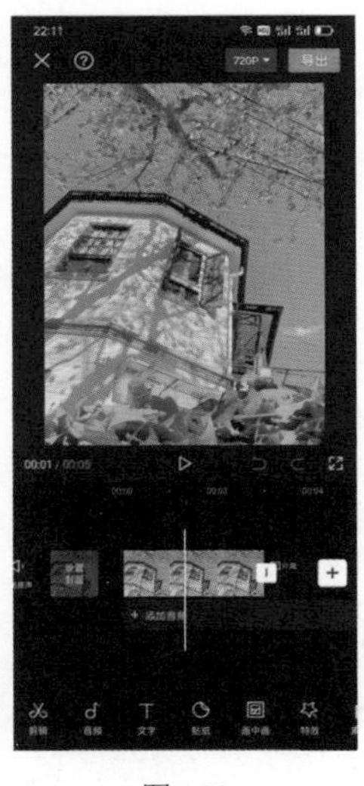

图6-39

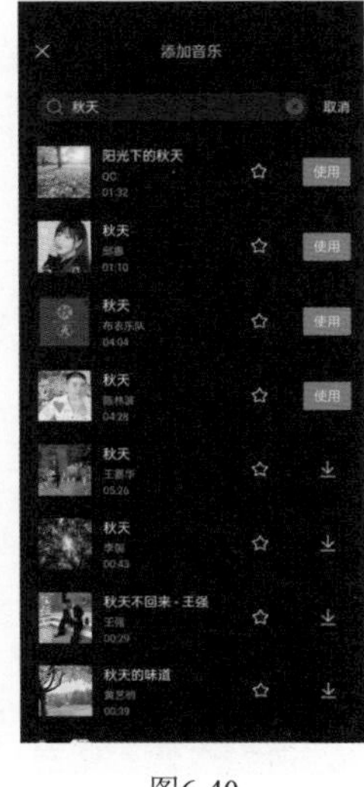

图6-40

图6-41

步骤04 点击<按钮返回上一个页面，点击【文字】按钮，如图6-42所示。

步骤05 点击【识别歌词】按钮，如图6-43所示，在弹出的页面中点击【开始识别】按钮，系统开始自动识别歌词，识别完成之后的歌词出现在字幕轨道上，如图6-44所示。

图6-42

图6-43

图6-44

步骤06 点击【复制】按钮，即可复制第一句歌词，如图6-45所示，然后把复制的歌词的长度调整到与视频一样长，如图6-46所示。

步骤07 点击第二句歌词复制，如图6-47所示。然后粘贴到刚刚复制的第一句的文本框中，如图6-48所示。

图6-45

图6-46

图6-47

步骤08 依次把后面的歌词都复制并粘贴到第一句的位置。粘贴完之后再调整歌词的位置和大小，如图6-49所示。

步骤09 点击图6-49所示页面下方工具栏中的【样式】按钮，然后选择复制前的第一句歌词，点击【样式】选项卡，不勾选设置内容，这样才能移动单句歌词，如图6-50所示。

图6-48

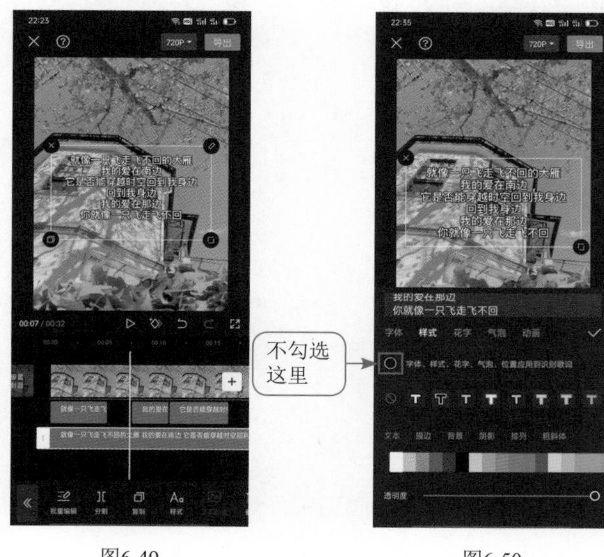

图6-49　　图6-50

步骤10 然后把相同的文字内容重叠在一起，每一句都重叠，如图6-51所示。

步骤11 调整完之后将第一句歌词拖到下面的轨道上，如图6-52所示，点击【样式】按钮，然后点击【动画】选项卡，如图6-53所示。

图6-51

图6-52

图6-53

步骤12 在页面中点击【入场动画】→【卡拉OK】选项，调整时长，再为字体选择一个合适的颜色，如图6-54所示。

步骤13 点击✓按钮，将第一句歌词的长度调整到与视频一样长，如图6-55所示。

步骤14 同样的方法，依次设置一样的入场动画，选择一个合适的颜色，如图6-56所示。

图6-54

图6-55

图6-56

步骤15 依次把每一句歌词拉到下面的轨道，让它对齐到每一句歌词相应出现的位置，如图6-57所示。

步骤16 至此，KTV字幕效果制作完成，点击✓按钮返回，然后点击播放按钮▷播放视频，如图6-58所示。

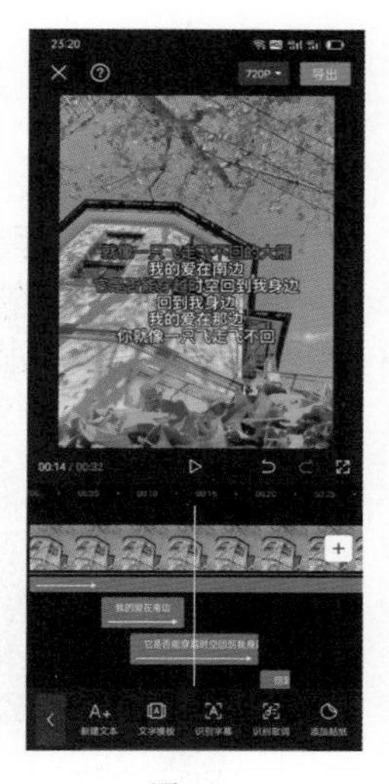
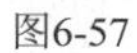

图6-57

图6-58

提示 | 如果是视频素材，视频中带有音乐歌词的，直接点击【文字】按钮识别字幕，然后再进行操作。

063 弹跳字幕，增加画面动感效果

弹跳字幕效果可以增加视频画面的动感效果，下面将介绍剪映中如何制作弹跳字幕效果。具体操作步骤如下：

步骤01 打开剪映，点击【开始创作】按钮，添加图片素材，如图6-59所示。

步骤02 点击【音频】→【音乐】按钮，如图6-60所示，给视频添加一首合适的歌曲，把歌曲轨道调整到合适长度，如图6-61所示。

图6-59

图6-60

图6-61

步骤03 点击按钮返回，然后点击【文字】按钮，如图6-62所示。点击【识别歌词】按钮，如图6-63所示。

步骤04 点击【开始识别】按钮，系统自动识别出来的歌词显示在字幕轨道上，如图6-64所示。

图6-62

图6-63

图6-64

步骤05 点击【样式】→【动画】按钮，如图6-65所示。点击【入场动画】→【随机弹跳】选项，调整时长为最长，如图6-66所示。

步骤06 点击按钮，第一句歌词已经添加了弹跳效果，如图6-67所示。

图6-65

图6-66

图6-67

步骤07 使用同样的方法依次把每一句歌词都添加弹跳效果，并设置喜欢的颜色，如图6-68所示。

步骤08 至此，弹跳字幕制作完成，点击按钮返回，点击播放按钮播放视频，效果如图6-69所示。

> **提示** 如果是视频素材，视频中带有音乐歌词的，直接点击【文字】按钮识别字幕，然后再进行操作。

图6-68

图6-69

064 打字效果，展示动态录入特效

在一些视频中经常会看到动态输入文字的特效，这就是所谓的打字效果。本例介绍如何使用剪映制作打字效果，展示动态录入特效。具体操作步骤如下：

步骤01 打开剪映，点击【开始创作】按钮，添加图片素材，如图6-70所示。

步骤02 点击【文字】按钮，然后点击【新建文本】按钮，如图6-71所示。输入文字，如图6-72所示。

图6-70

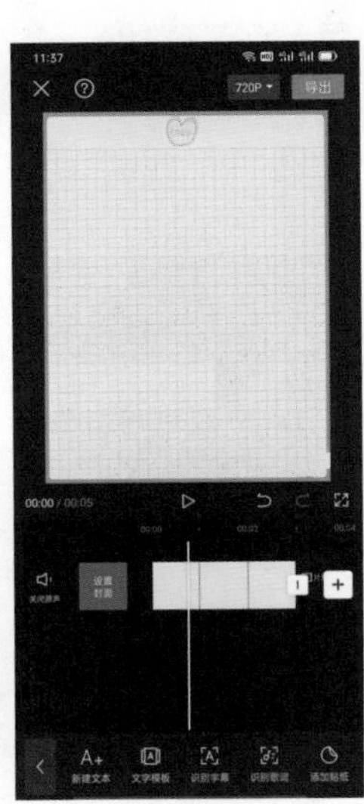

图6-71

图6-72

步骤03 点击【英文】按钮，输入文本并设置字体，如图6-73所示。

步骤04 点击【样式】按钮，选择样式并设置文本的颜色，如图6-74所示。

步骤05 点击【动画】→【入场动画】→【打字机II】，并设置时长为最长，点击✓按钮，如图6-75所示。

图6-73

图6-74

图6-75

步骤06 调整图片轨道的长度，将字幕轨道调整到与图片轨道一样长度并对齐，如图6-76所示。点击<按钮返回，如图6-77所示。

步骤07 点击【音频】按钮，再点击【音效】按钮，如图6-78所示。

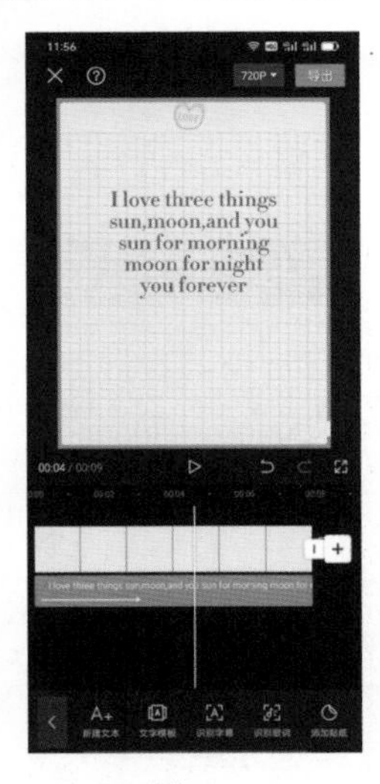

图6-76

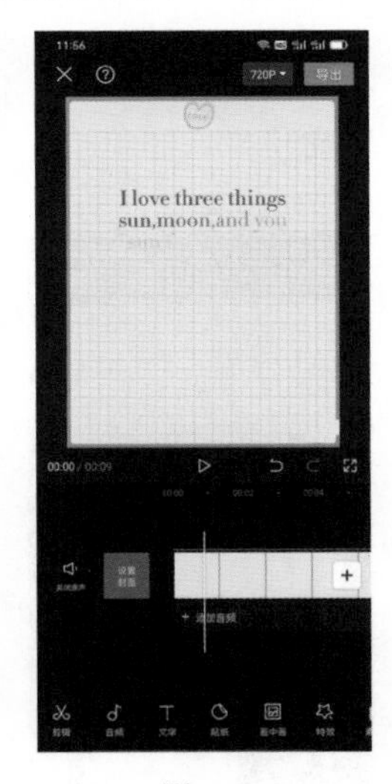

图6-77

图6-78

步骤08 在页面的“搜索框”中输入“打字”，在下面的列表框中选择【打字键盘声】选项，如图6-79所示。

步骤09 点击右侧的【使用】按钮，即可添加一个“打字键盘声”的音效素材，如图6-80所示。

步骤10 至此，动态录入效果制作完成，点击<按钮返回，然后点击播放按钮▷播放视频，如图6-81所示。

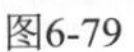

图6-79

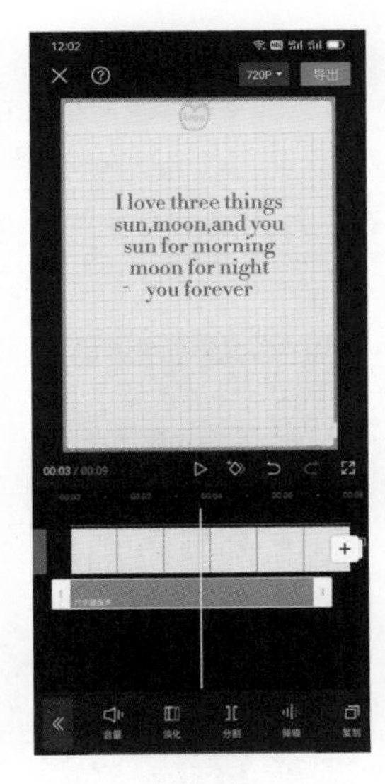

图6-80

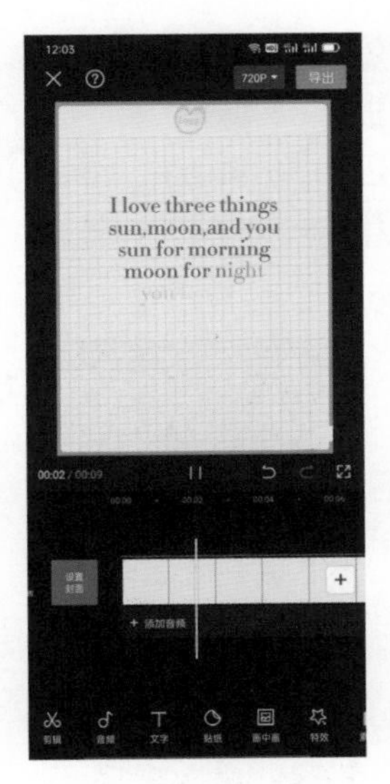

图6-81

065 镂空文字，透过文字看短视频

镂空文字多出现在平面广告设计中。其实，镂空文字也应用于视频中的开场或收尾，给人一种奇特的艺术效果，让人们通过镂空的文字观看视频，给人留下深刻印象。下面介绍如何在剪映中制作镂空文字，实现透过文字看短视频的效果。具体操作步骤如下：

步骤01 打开剪映，点击【开始创作】按钮，如图6-82所示。

步骤02 在“素材库”页面中选择一幅黑底图片，点击【添加】按钮，如图6-83所示。

步骤03 进入视频剪辑页面，点击【文本】按钮，如图6-84所示。

图6-82

图6-83

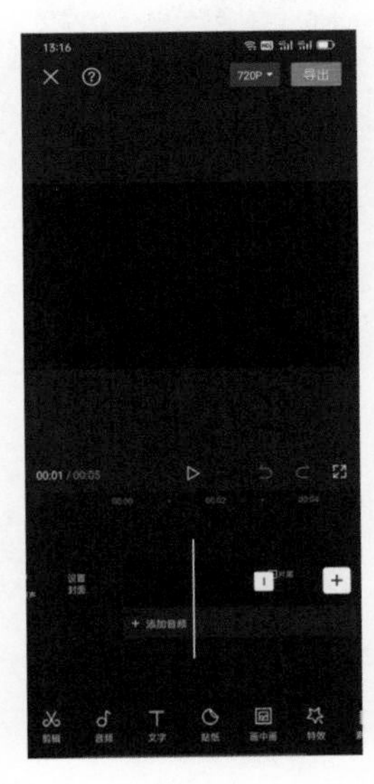

图6-84

步骤04 点击【新建文本】按钮，进入添加文字页面，输入文本内容，如图6-85所示。

步骤05 点击✓按钮，可以看到文字已经输入完成，如图6-86所示。

步骤06 点击页面右上角的【导出】按钮，保存为视频作为备用素材。

步骤07 保存完成后回到剪映的主界面，点击【开始创作】按钮，添加一段视频素材，如图6-87所示。

图6-85

图6-86

图6-87

步骤08 进入视频编辑页面，点击【画中画】→【新增画中画】按钮，导入刚刚导出的文字视频，如图6-88所示。

步骤09 将文字视频放大到合适的大小和位置，如图6-89所示。

步骤10 在文字轨道的开始位置添加一个关键帧，如图6-90所示。

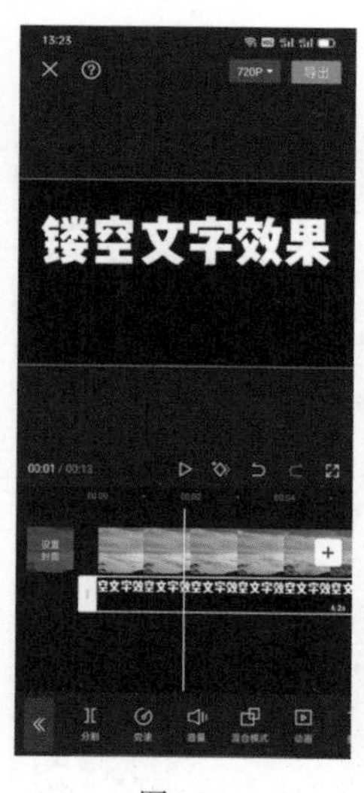

图6-88

图6-89

图6-90

步骤11 在文字轨道的末尾位置添加一个关键帧，如图6-91所示。

步骤12 点击【混合模式】按钮，进入“混合模式”编辑页面，选择“变暗”选项，如图6-92所示。

步骤13 点击✓按钮，即可看到透过文字看视频的效果，如图6-93所示。

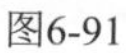
图6-91

图6-92

图6-93

066 花字效果，让文字样式更好看

花字是剪映中提供的一种非常实用的文字样式效果，创作者只需进行简单的操作即可制作出炫酷的文字效果。下面介绍花字效果的制作方法和步骤。

步骤01 打开剪映，点击【开始创作】按钮，添加图片素材，如图6-94所示。

步骤02 点击【文字】按钮，然后点击【新建文本】按钮，如图6-95所示。

步骤03 输入文字，选择喜欢的字体，如图6-96所示。

图6-94

图6-95

图6-96

步骤04 点击【花字】按钮，如图6-97所示，进入“花字”设置页面，选择一个合适的花字，如图6-98所示。

步骤05 点击✓按钮，花字效果就制作完成，点击播放按钮▷播放视频，效果如图6-99所示。

图6-97

图6-98

图6-99

067 文字气泡，让文字更有范

剪映中提供了丰富的气泡文字模板，可以帮助用户快速制作出精美的短视频文字效果。下面介绍文字气泡效果的操作方法和步骤，具体如下：

步骤01 打开剪映，点击【开始创作】按钮，添加图片素材，如图6-100所示。

步骤02 点击【文字】按钮，然后点击【新建文本】按钮，如图6-101所示。

步骤03 输入文字，选择字体和颜色，点击✓按钮，如图6-102所示。

图6-100

图6-101

图6-102

步骤04 点击【样式】按钮，如图6-103所示。

步骤05 点击【气泡】按钮，如图6-104所示。

图6-103

图6-104

步骤06 选择一个合适的气泡，如图6-105所示。

步骤07 点击✓按钮确定，文字气泡效果就完成了。点击播放按钮▷播放视频，效果如图6-106所示。

图6-105

图6-106

068 弹窗字幕，显示提示信息

弹窗字幕主要用于显示提示信息。近年来，很多短视频创作者都喜欢使用弹窗字幕的样式来制作文字效果。下面介绍弹窗字幕的制作方法与步骤，具体如下：

步骤01 打开剪映，点击【开始创作】按钮，选择图片素材，如图6-107所示。

步骤02 点击【文字】按钮，然后点击【新建文本】按钮，如图6-108所示。

步骤03 输入文字，如图6-109所示。

图6-107

图6-108

图6-109

步骤04 点击【气泡】按钮，为字幕添加一个弹窗气泡，如图6-110所示。

步骤05 点击【动画】→【入场动画】按钮，选项“弹入”选项，设置时间为1s，如图6-111所示。

步骤06 点击✓按钮确定，即可在字幕轨道上添加一个弹窗字幕，如图6-112所示。

图6-110

图6-111

图6-112

步骤07 点击《按钮，用同样的方法再制作一个弹窗，如图6-113所示。

步骤08 点击<按钮，然后点击播放按钮▷播放视频，效果如图6-114所示。

图6-113

图6-114

069 溶解文字，制作文字消散效果

在制作字幕时，可以让字幕在规定的时间出现之后又在短时间内消失，不留下一片云彩。下面介绍使用剪映的溶解文字功能制作文字消散效果。

步骤01 打开剪映，点击【开始创作】按钮，添加视频素材，如图6-115所示。

步骤02 点击【文字】按钮，然后点击【新建文本】按钮，如图6-116所示。

步骤03 输入文字，如图6-117所示。

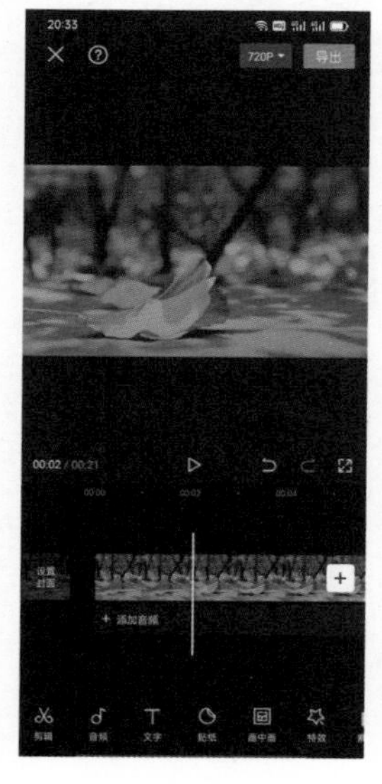

图6-115

图6-116

图6-117

步骤04 点击【动画】→【入场动画】按钮，选择【缩小Ⅱ】选项，如图6-118所示。

步骤05 点击【出场动画】按钮，选择【溶解】选项，设置时长为1s，点击✓按钮确定，如图6-119所示。

步骤06 点击<按钮返回，把时间轴移到字幕即将消失的位置，如图6-120所示。

图6-118

图6-119

图6-120

步骤07 点击【画中画】→【新增画中画】→【素材库】按钮，如图6-121所示。

步骤08 在搜索栏输入“烟雾”，选择一个合适的“烟雾”素材，点击【添加】按钮，如图6-122所示。

步骤09 把“烟雾”素材移动合适的位置，如图6-123所示。

图6-121

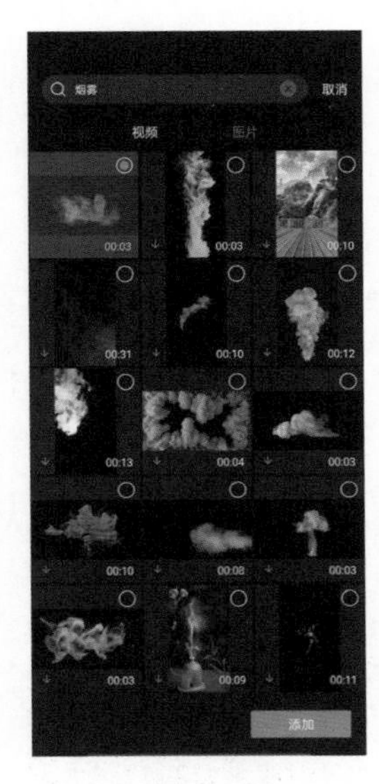

图6-122

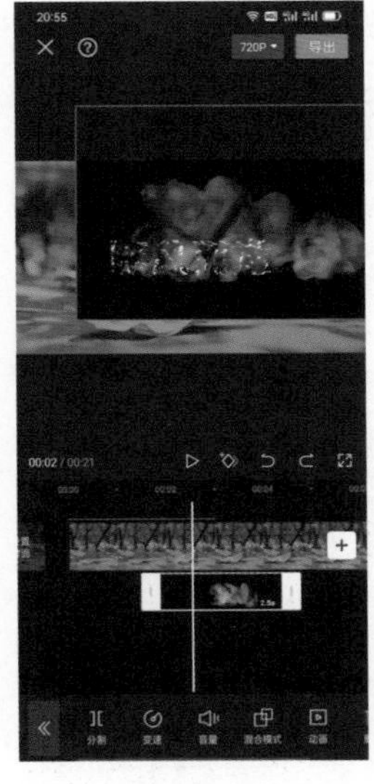

图6-123

步骤10 点击【混合模式】按钮，选择【滤色】选项，然后点击✓按钮，如图6-124所示。

步骤11 至此，溶解文字效果制作完成，点击播放按钮▷播放视频，效果如图6-125所示。

图6-124

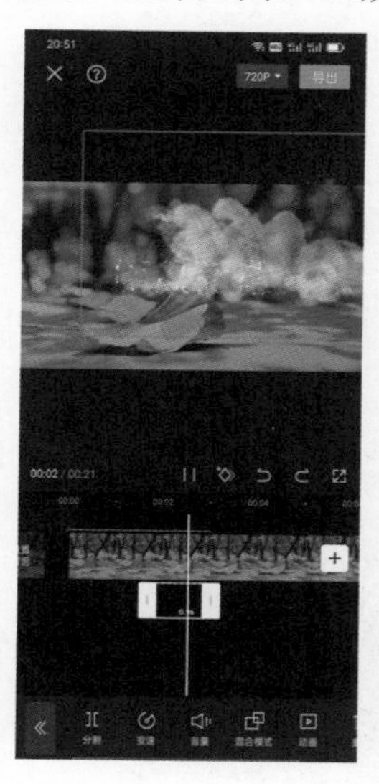
图6-125

070 旋入文字，制作动态歌词效果

旋入文字效果经常用于动态的歌词效果中，可以增强画面的动态效果。下面介绍如何使用剪映制作旋入文字的动态效果。具体操作步骤如下：

步骤01 打开剪映，点击【开始创作】按钮，添加视频素材，如图6-126所示。

步骤02 点击【背景】按钮，然后点击【画布模糊】按钮，如图6-127所示。

步骤03 选择第二个模糊效果，点击✓按钮，如图6-128所示。

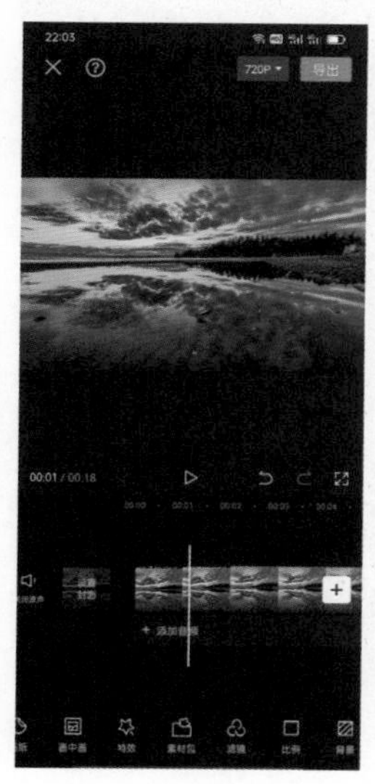
图6-126

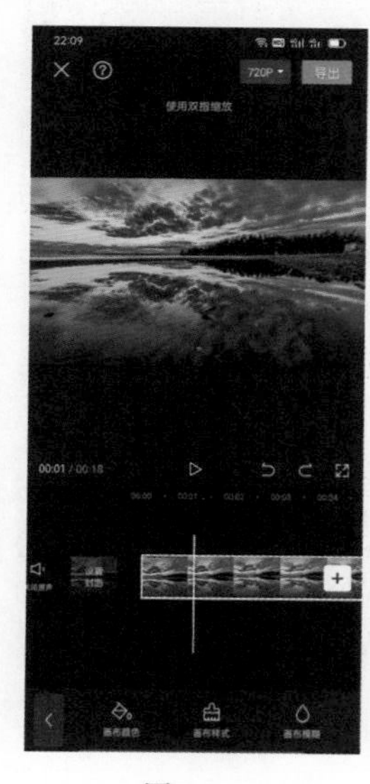
图6-127

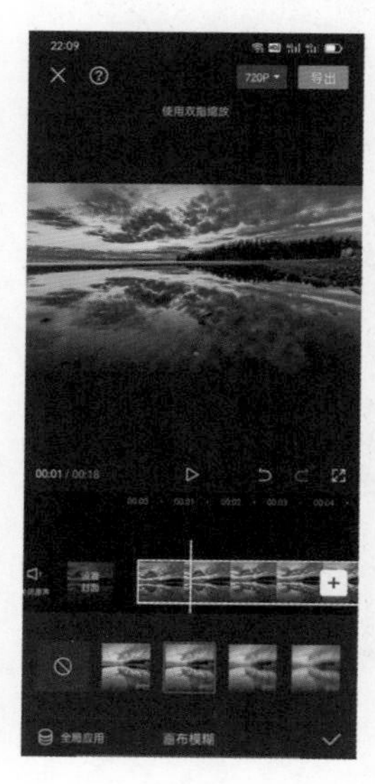
图6-128

步骤04 点击<按钮返回到如图6-129所示的页面，点击【音频】→【音乐】按钮，如图6-130所示。

步骤05 选择合适的音乐素材，点击【使用】按钮。此时可看到，音乐轨道上添加了音乐素材，如图6-131所示。

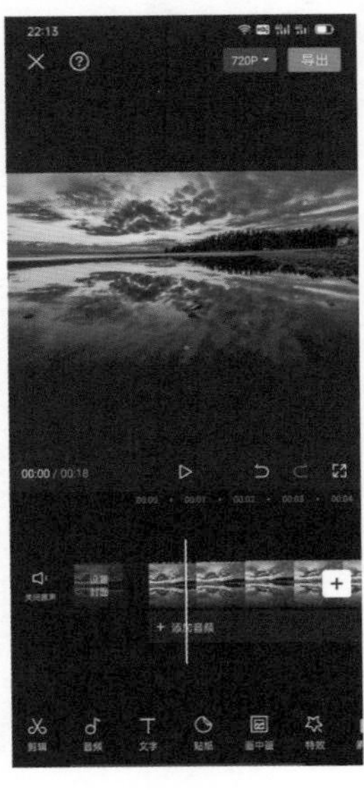

图6-129

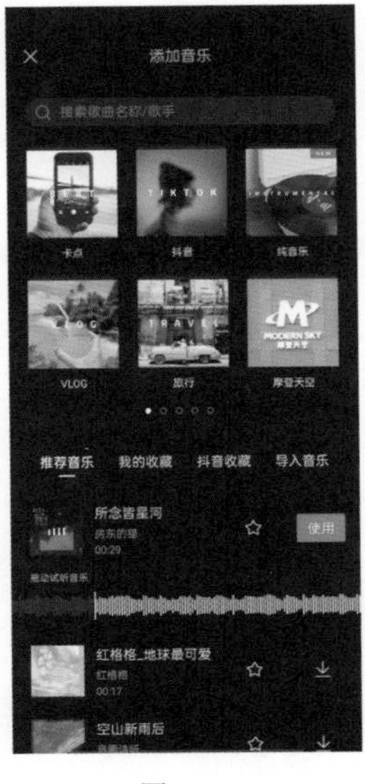

图6-130

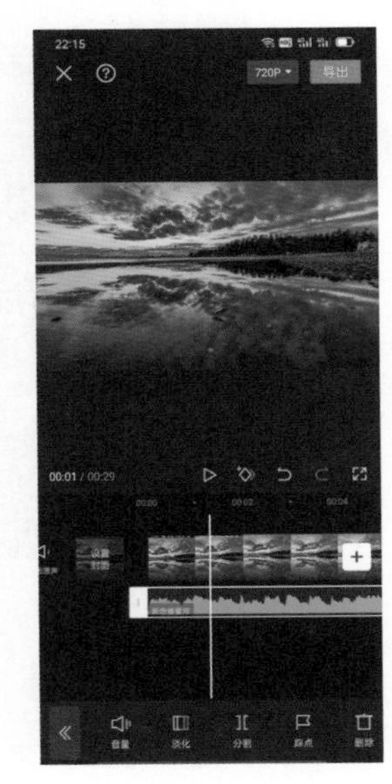

图6-131

步骤06 点击《按钮返回如图6-132所示的页面，点击【文字】→【识别歌词】按钮，如图6-133所示。

步骤07 在“识别歌词”页面中，点击【开始识别】按钮，效果如图6-134所示。

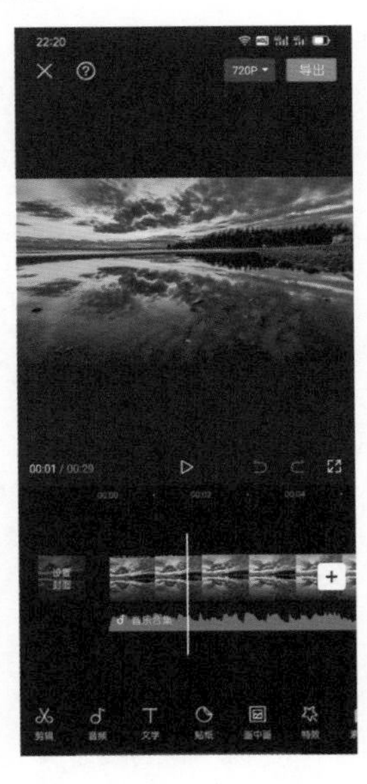

图6-132

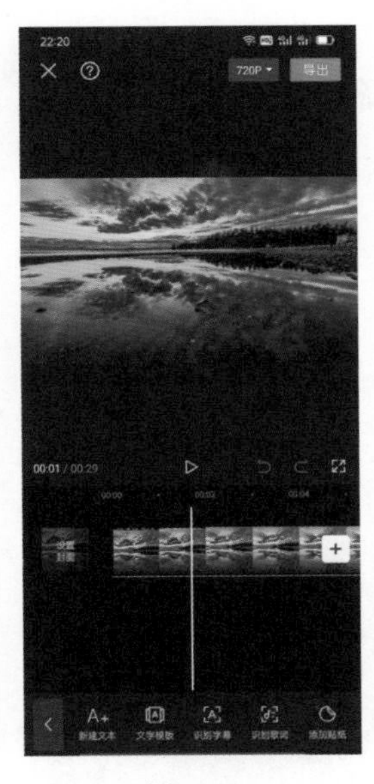

图6-133

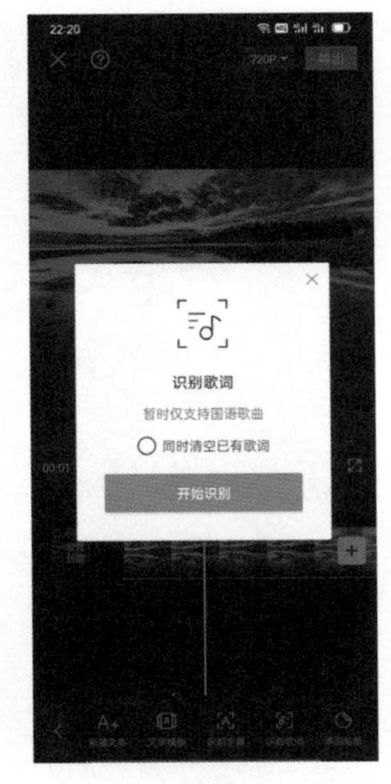

图6-134

步骤08 系统自动识别歌词，识别出来的歌词出现在字幕轨道上，如图6-135所示。

步骤09 点击第一句歌词，然后点击【样式】按钮，如图6-136所示。

步骤10 点击【花字】按钮，为字幕选择一个喜欢的花字效果，调整其大小，如图6-137所示。

图6-135

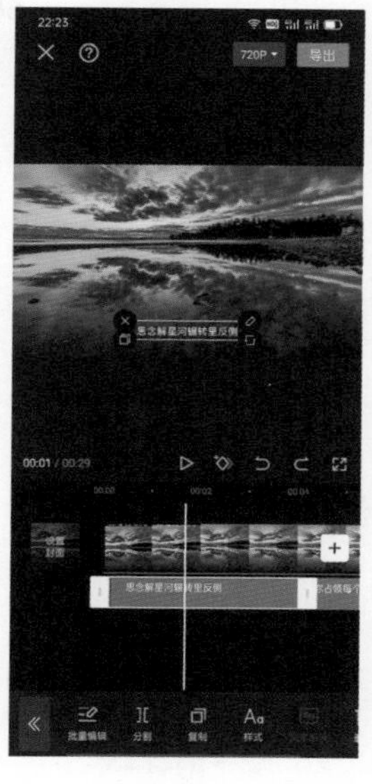
图6-136

图6-137

步骤11 点击【动画】按钮，如图6-138所示，然后点击【入场动画】按钮，在工具栏中点击【旋转飞入】按钮，如图6-139所示。

步骤12 点击✓按钮，第一句歌词的旋转动态设置制作完成，如图6-140所示。

图6-138

图6-139

图6-140

步骤13 使用同样的方法依次制作后面每一句歌词的旋转动态，如图6-141所示。

步骤14 点击《按钮返回，至此，整个歌词的字幕制作完成，点击播放按钮▷播放视频，效果如图6-142所示。

图6-141

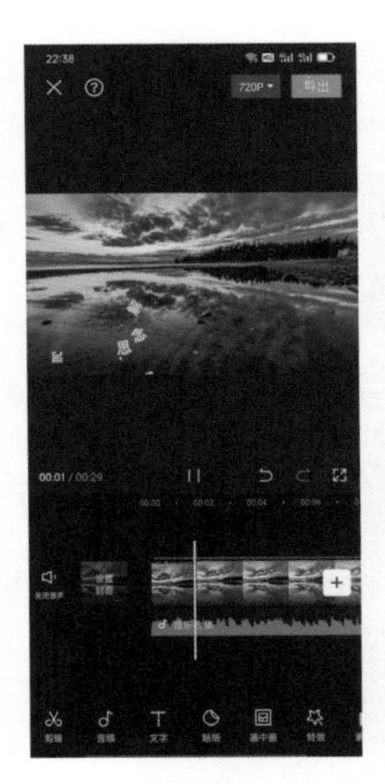
图6-142

071 使用蒙版，制作切割文字效果

制作炫酷霸气的切割文字效果，可以使用剪映的蒙版功能。具体操作步骤如下：

步骤01 打开剪映，点击【开始创作】按钮，然后点击【素材库】按钮，在【黑白场】选项卡中选择黑色背景，如图6-143所示。

步骤02 在编辑页面中点击【文字】按钮，如图6-144所示。

步骤03 点击【新建文本】按钮，输入文字，如图6-145所示。

步骤04 点击【动画】→【出场动画】→【溶解】选项，设置时长为6s，如图6-146所示。

图6-143

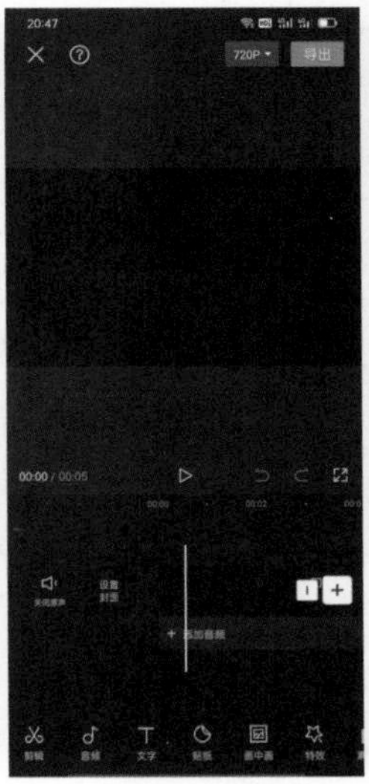

图6-144

图6-146

步骤05 点击✓按钮，然后点击页面右上角的【导出】按钮，将文字导出作为素材备用。

步骤06 返回编辑页面，删除刚刚输入的文字，点击【画中画】按钮，如图6-147所示。

步骤07 点击【新增画中画】，添加刚刚导出的文字素材，如图6-148所示，在菜单栏中左滑找到【蒙版】按钮，如图6-149所示。

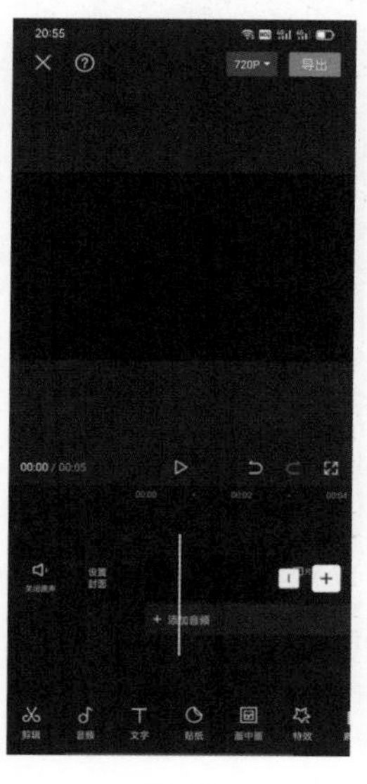

图6-147

图6-148

图6-149

步骤08 点击【蒙版】按钮，选择【线性蒙版】选项，将文字素材旋转到30°，点击✓按钮确定，如图6-150所示。

步骤09 点击【复制】按钮复制视频，如图6-151所示。

步骤10 选择【线性】蒙版选项，点击页面左下角的【反转】按钮，然后点击✓按钮确定，如图6-152所示。

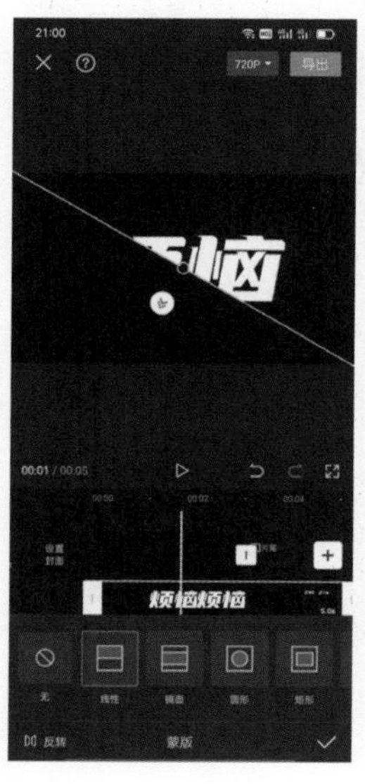

图6-150

图6-151

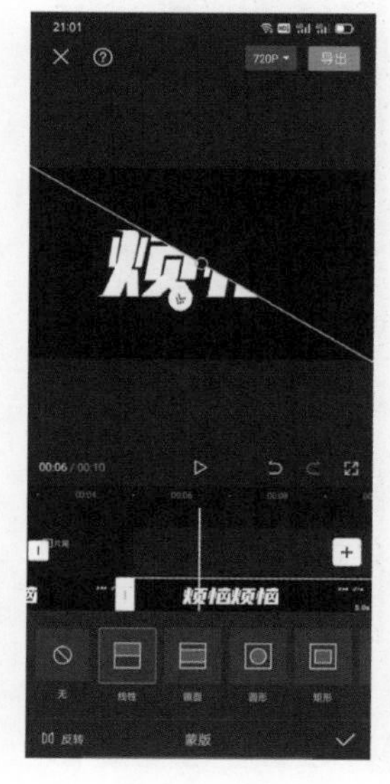

图6-152

步骤11 在视频轨道上，把复制的视频拖到第一个视频下面并对齐，如图6-153所示。

步骤12 将时间轴拖到中间位置，分别为两个视频素材添加一个关键帧，如图6-154所示。

步骤13 将时间轴往后移动一点，分别添加第二个关键帧，如图6-155所示。

图6-153

图6-154

图6-155

步骤14 将时间轴移到第二个关键帧位置处，拖动文字错位移动，如图6-156所示。在快要结束的位置继续向两边拖动，如图6-157所示。

步骤15 将时间轴拖到第一个关键帧位置处，点击【画中画】按钮，在【素材库】中搜索“光”素材，然后添加一个合适的“光”素材，如图6-158所示。

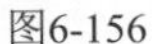

图6-156

图6-157

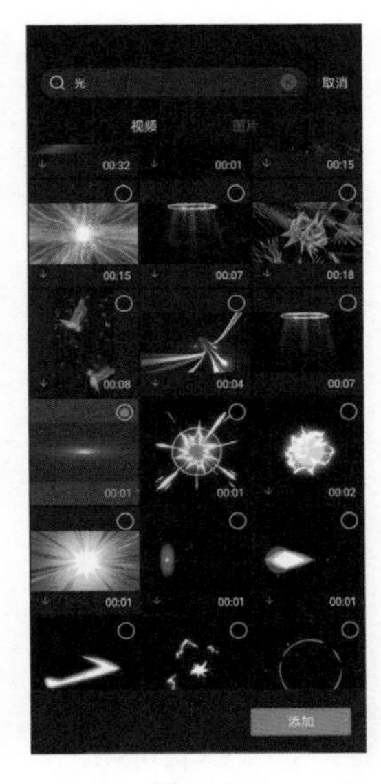

图6-158

步骤16 设置“光”素材的“混合模式”为“滤色”，然后将其旋转30°并拖到文字右下角的位置，如图6-159所示。

步骤17 点击✓按钮，在高光开始的位置添加关键帧，如图6-160所示。

步骤18 将时间轴往后移一点，再将高光素材移动到文字的左上角，如图6-161所示。

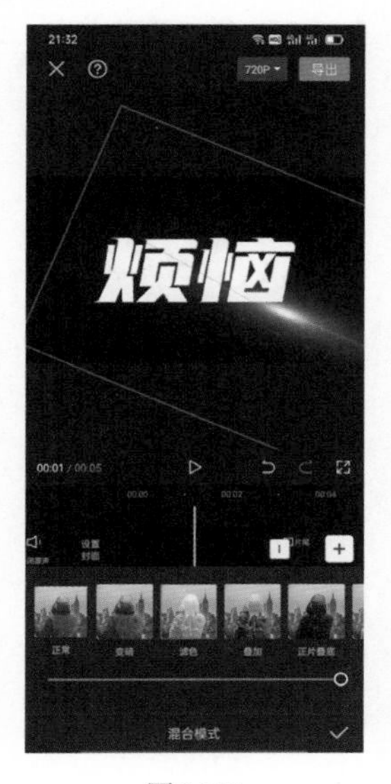

图6-159

图6-160

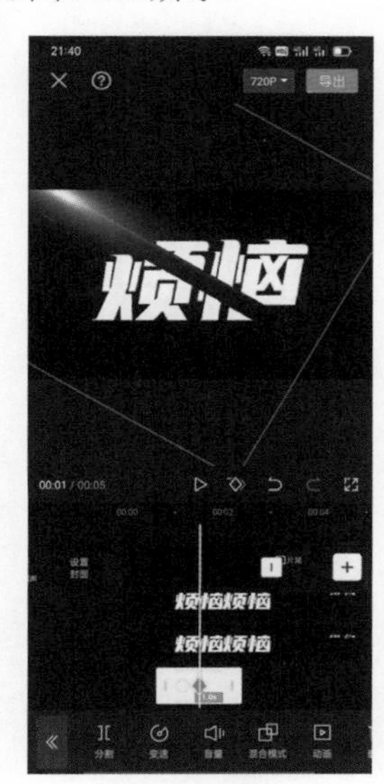

图6-161

步骤19 点击«按钮返回，继续新增画中画，在【素材库】中搜索“碎片”，添加“碎片”素材，如图6-162所示。

步骤20 设置“碎片”的“混合模式”为“滤色”，设置时长为1.6s，如图6-163所示。

步骤21 点击【动画】按钮，为“高光”和“碎片”素材添加【出场动画】→【缩小】效果，如图6-164所示。

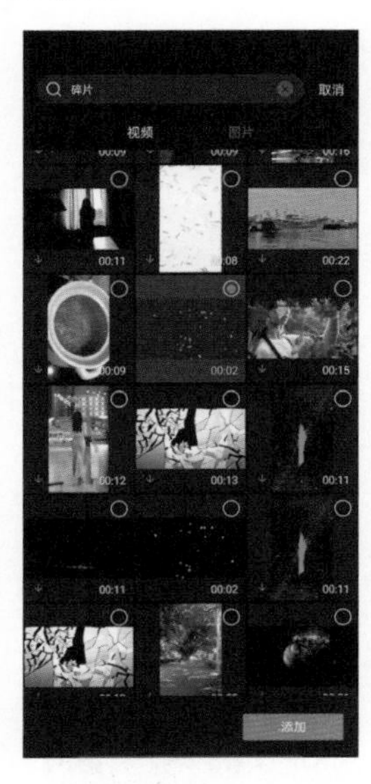

图6-162

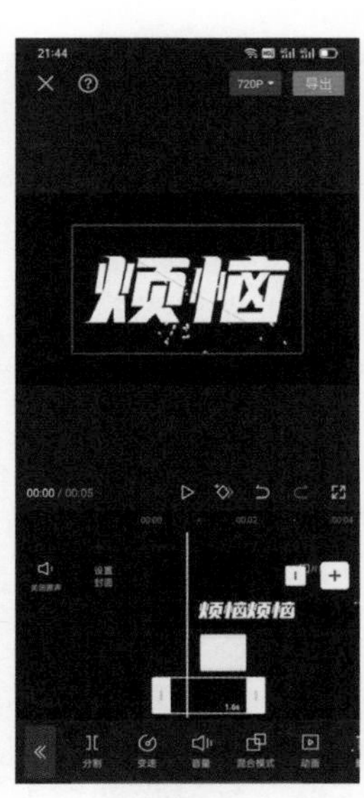

图6-163

图6-164

步骤22 点击【音频】→【音效】按钮，如图6-165所示。

步骤23 在搜索框中输入“切割”，在下面的列表框中选择一个合适的音效素材，如图6-166所示。

步骤24 至此，使用蒙版制作切割文字效果制作完成。点击播放按钮▷播放视频，效果如图6-167所示。

图6-165

图6-166

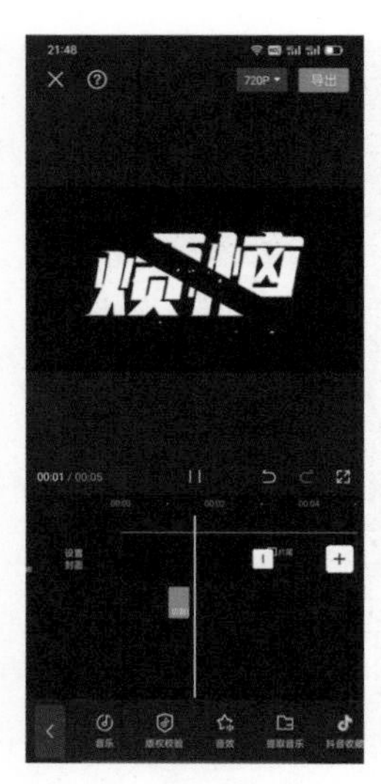
图6-167

072 使用关键帧，制作向上移动的片尾字幕

使用剪映中的关键帧功能，可以轻松制作电影和电视剧的片尾向上移动的字幕效果。具体操作步骤如下：

步骤01 打开剪映，点击【开始创作】按钮，添加图片素材，如图6-168所示。

步骤02 将视频适当缩小并移动到左边的位置，如图6-169所示。

步骤03 点击空白处，在工具栏中点击【文字】→【新建文本】按钮，如图6-170所示。

图6-168

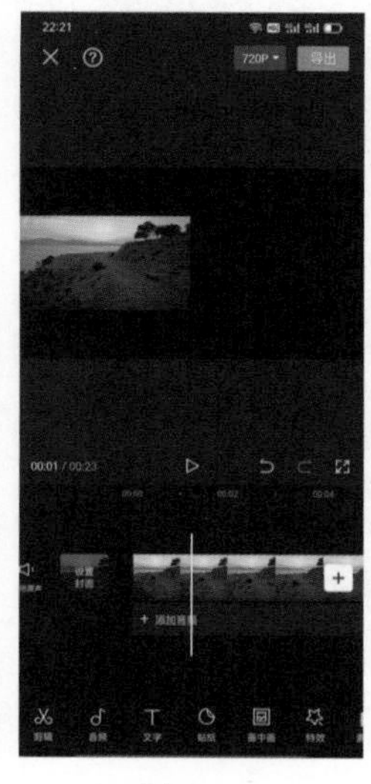
图6-169

图6-170

步骤04 在“新建文本”页面输入字幕内容，点击✓按钮确定，如图6-171所示。

步骤05 在字幕开始处添加一个关键帧，然后将字幕移动到预览框的下方，如图6-172所示。

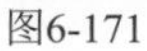
图6-171

图6-172

步骤06 将时间轴移动到字幕结尾处，再添加一个关键帧，再把字幕沿直线移动到预览框的上方，如图6-173所示。

步骤07 至此，向上移动字幕效果制作完成，点击播放按钮▷播放视频，如图6-174所示。

图6-173

图6-174

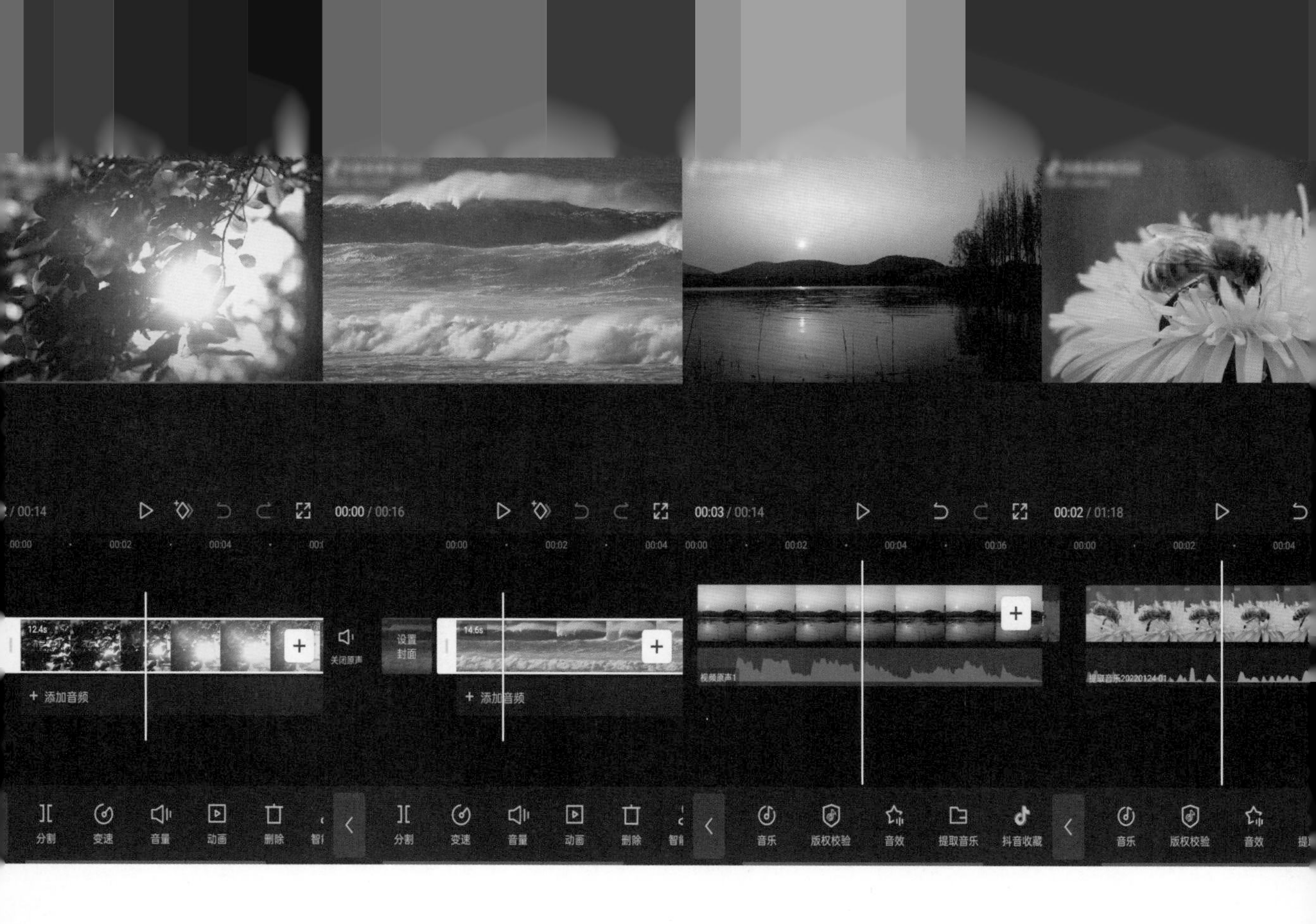

第 7 章

10种音频处理，让短视频更有生机

本章提要

音频在短视频剪辑中占有非常重要的作用。比如，优美动听的背景音乐可以提升短视频的活力，恰当的音效可以增强视频画面的感染力，音频变声可以增加视频的趣味性，音乐踩点可以让视频画面动感十足。本章将详细讲解剪映中最常用的10种音频处理方法与技巧，让短视频变得更有生机。

073 添加音乐，提升短视频的活力

给短视频添加音乐，可以提升短视频的活力。下面介绍使用剪映添加音乐的方法和步骤，具体如下：

步骤01 打开剪映，点击【开始创作】按钮，添加视频素材，如图7-1所示。

步骤02 点击空白处，然后点击【音频】按钮，如图7-2所示。

步骤03 点击【音乐】按钮，如图7-3所示。

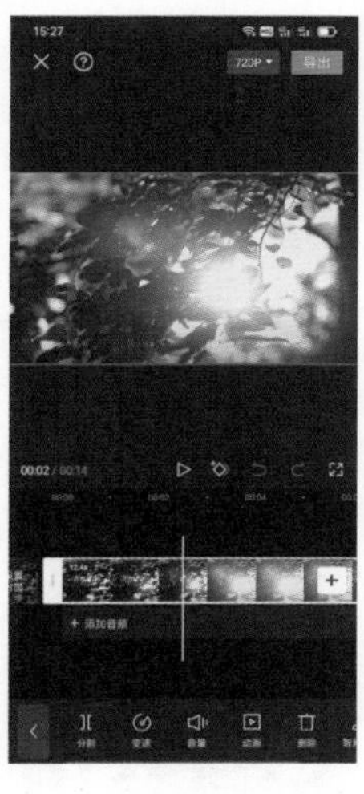

图7-1

图7-2

图7-3

步骤04 进入“添加音乐”页面，如图7-4所示，可以在推荐音乐中选择喜欢的音乐，也可以在上方搜索栏中搜索歌曲名称或者歌手名字，选中合适的歌曲，点击【使用】按钮即可添加音乐，如图7-5所示。

步骤05 添加音乐后，点击<按钮返回，点击播放按钮▷播放视频，效果如图7-6所示。

图7-4

图7-5

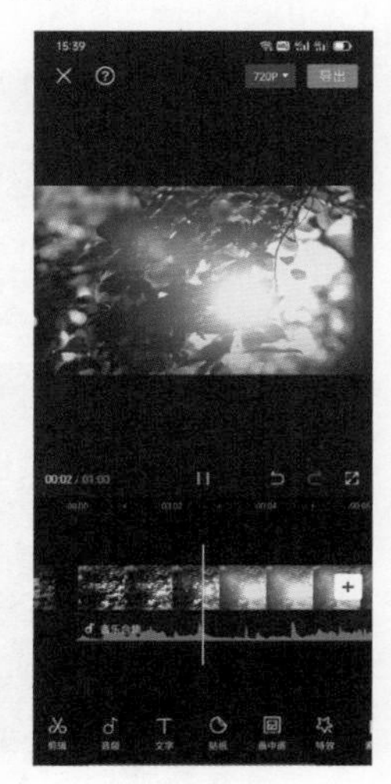

图7-6

074 添加音效，增强画面的感染力

在编辑视频时，如果为视频的场景画面配上恰当的音效，会增强画面的感染力。比如下雨场景添加大自然的风声、雷声、下雨声，会让人感觉到画面中下雨的情况。又如，如果给动物视频画面配上恰当的音效，会增加画面的真实性和感染力。下面详细介绍使用剪映添加音效的方法与步骤，具体如下：

步骤01 打开剪映，点击【开始创作】按钮，添加视频素材，如图7-7所示。

步骤02 点击空白处，然后点击下方工具栏的【音频】按钮，如图7-8所示。

步骤03 点击【音效】按钮，如图7-9所示。

图7-7

图7-8

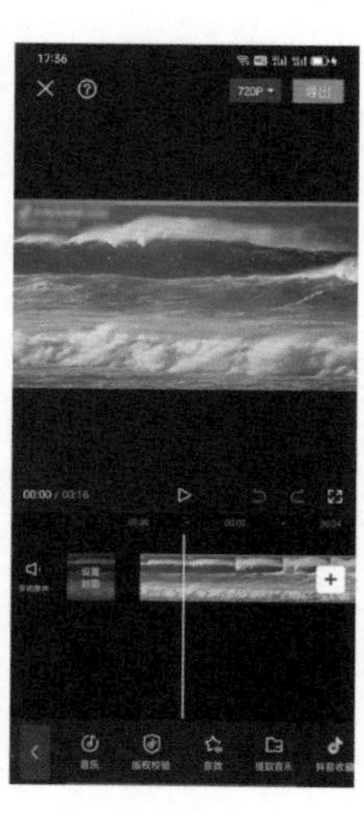

图7-9

步骤04 在搜索栏中搜索“海浪”，如图7-10所示，选择一个合适的声音，点击【使用】按钮，即可添加音效素材。

步骤05 点击播放按钮▷播放视频，效果如图7-11所示。

图7-10

图7-11

075 分割音频，让音频与短视频同步

在处理短视频音频时，导入音频的长度有时比视频长，有时比视频短，这时要想让音频与视频达到完美同步，就必须将音频进行分割。下面详细介绍使用剪映分割音频的方法与步骤，具体如下：

步骤01 打开剪映，点击【开始创作】按钮，添加视频素材，如图7-12所示。

步骤02 点击空白处，然后点击【音频】按钮，如图7-13所示。

步骤03 点击【音乐】按钮，在搜索栏中搜索喜欢的音乐（比如“萤火虫”），点击【使用】按钮即可添加音乐素材，如图7-14所示。

图7-12

图7-13

图7-14

步骤04 可以看出，这段音乐前面几秒到唱歌时间间隔太长，后面比视频长，如图7-15所示。

步骤05 把时间线移动到音乐的开始位置，点击播放按钮▷播放视频，当音频时间线移动到开始唱歌的位置时点击【分割】按钮，如图7-16所示。

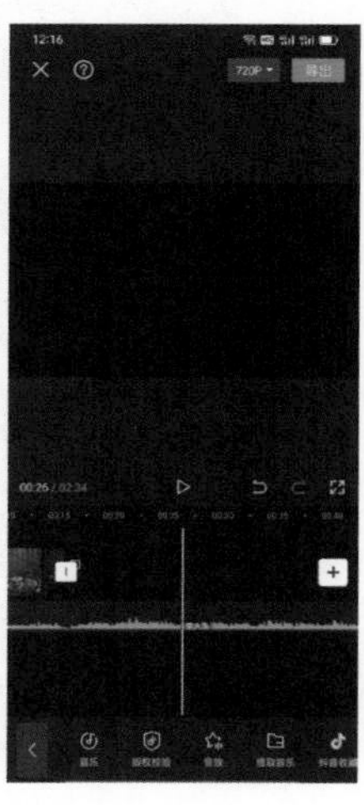

图7-15

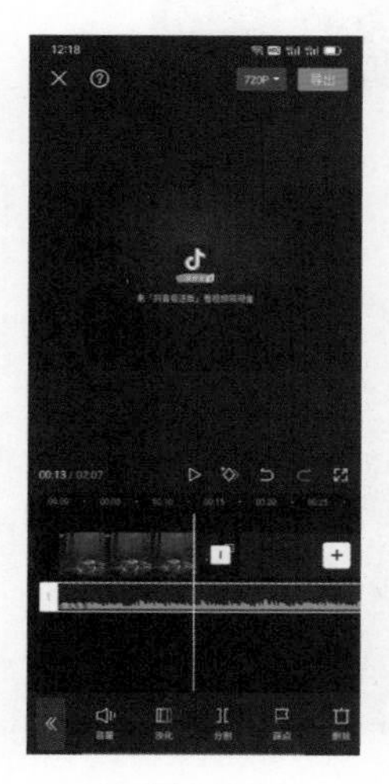

图7-16

步骤06 然后删除前面多余的音频，把剩下音频的开始位置与视频开始位置对齐。把时间线移动到视频的结尾，选中音频轨道，点击【分割】按钮，然后删除尾部多余的音乐，这样音频与视频的时长就相同了。点击播放按钮▷播放视频，效果如图7-17所示。

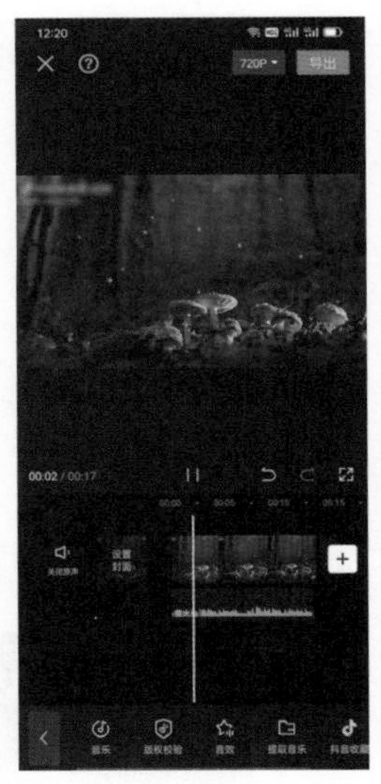

图7-17

076 提取音乐，轻松获得音频素材

当我们非常喜欢一个视频中的背景音乐时，可以使用剪映将它提取出来。下面详细介绍使用剪映提取视频素材中的背景音乐。具体操作步骤如下：

步骤01 打开剪映，点击【开始创作】按钮，添加视频素材，如图7-18所示。

步骤02 选中视频，点击工具栏中的【音频分离】按钮，如图7-19所示。

步骤03 点击【音频分离】按钮，即可将音频从视频中提取出来，并存放在音频轨道上，如图7-20所示。

图7-18

图7-19

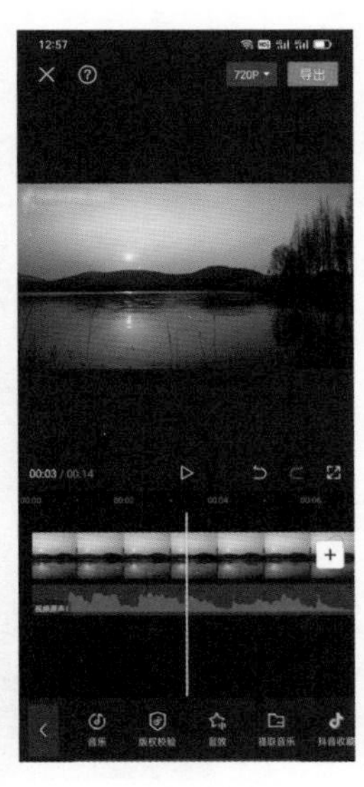

图7-20

步骤04 这时我们可以将视频内容删除，只保留音频内容，单击【导出】按钮，即可将音频内容导出保存为音乐素材。

077 智能配音，为短视频添加旁白

电影中第三人的旁白，也可以使用剪映来添加。下面详细讲解使用剪映的智能配音功能为短视频添加旁白。具体操作步骤如下：

步骤01 打开剪映，点击【开始创作】按钮，在【素材库】中的【黑白场】选项卡中选择一个黑色素材，如图7-21所示。

步骤02 点击【添加】按钮，进入如图7-22所示的编辑页面。

步骤03 点击【文字】→【新建文本】按钮，然后输入准备好的文字，如图7-23所示。

步骤04 选中视频，点击【文本朗读】按钮，如图7-24所示。

图7-21

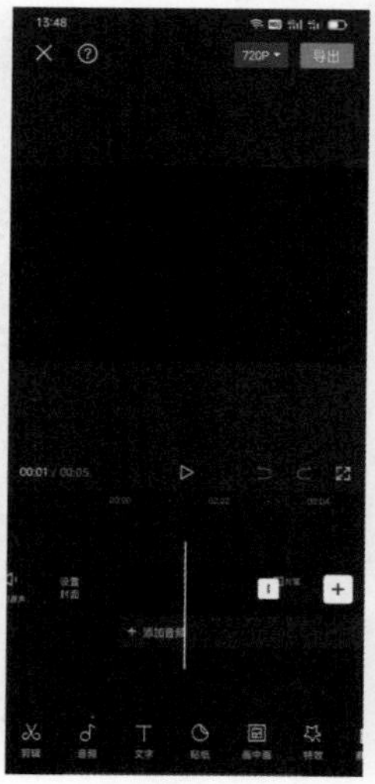

图7-22

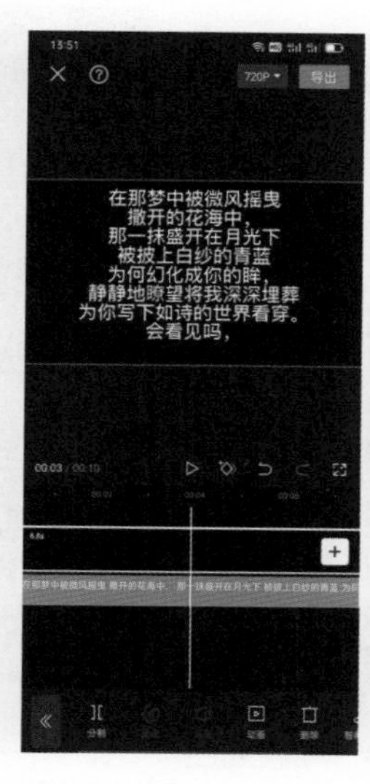

图7-23

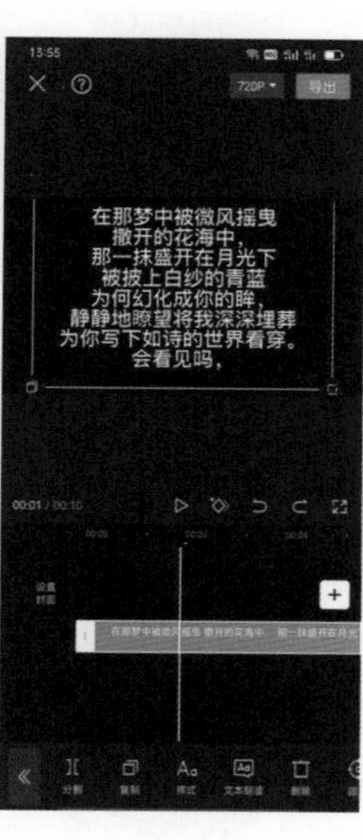

图7-24

步骤05 在“音色选择”页面中选择一个合适的声音，如图7-25所示。

步骤06 点击✓按钮，此时输入的文字会自动生成语音，音频开头会出现【Aa】图标，表示已设置好文本朗读，如图7-26所示。

步骤07 将视频导出备用。系统自动返回到剪映的主页面。

步骤08 添加要配音的视频素材，如图7-27所示。

步骤09 点击【音频】→【提取音乐】按钮，如图7-28所示。

步骤10 在页面中选择刚刚导出的配音视频，点击【仅导入视频的声音】按钮，如图7-29所示。这时音频轨道上面出现了导入的配音，如图7-30所示。

步骤11 点击<按钮返回，如图7-31所示。

步骤12 点击【文字】按钮，然后点击【识别字幕】按钮，如图7-32所示。

步骤13 至此，配音和字幕都自动生成，智能配音完成，点击播放按钮▷播放视频，如图7-33所示。

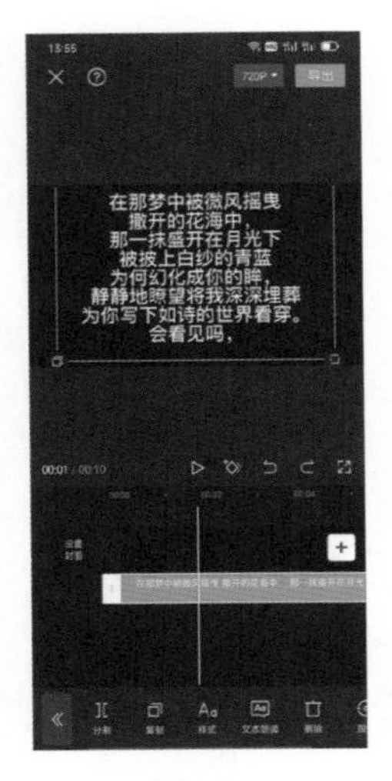

图7-25

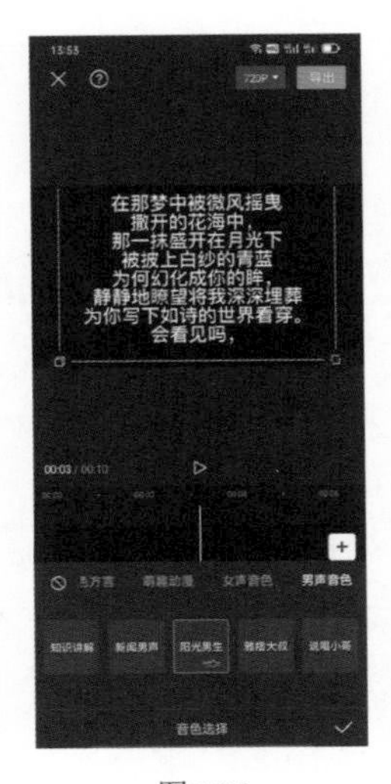

图7-26

图7-27

图7-28

图7-29

图7-30

图7-31

图7-32

图7-33

078 音频变声，增加短视频趣味性

当我们剪辑朗读类或者讲解类视频时，平平无奇的朗读太乏味，不妨变一个声音增加视频的趣味。具体操作步骤如下：

步骤01 打开剪映，点击【开始创作】按钮，添加视频素材，如图7-34所示。

步骤02 点击空白处，然后点击【音频】按钮，如图7-35所示。

步骤03 在如图7-36所示的页面中点击【录音】按钮，进入录音页面。

图7-34

图7-35

图7-36

步骤04 在“录音”页面中按住“麦克风”图标开始录音，如图7-37所示。

步骤05 录完音后点击✓按钮，即可看到音频轨道上出现音频素材，如图7-38所示。

步骤06 点击【音频】按钮，然后点击下方工具栏中的【变声】按钮，进入“变声”页面，如图7-39所示。

图7-37

图7-38

图7-39

步骤07 在“变声”页面中有各种声音，如萝莉、大叔、女生等，选择一个合适的声音，点击✓按钮确定，如图7-40所示。

步骤08 至此，音频变声视频制作完成，点击播放按钮▷播放视频，效果如图7-41所示。

图7-40

图7-41

079 音频变调，男音女音任意互换

在一些搞笑的短视频中，为了达到一些场景效果，需要对视频中的音频进行变声处理，比如将男音变成女音等。下面介绍剪映的音频变调，使男音女音互换。具体操作步骤如下：

步骤01 打开剪映，点击【开始创作】按钮，添加视频素材，如图7-42所示。

步骤02 点击【音频】→【音乐】按钮，如图7-43所示。

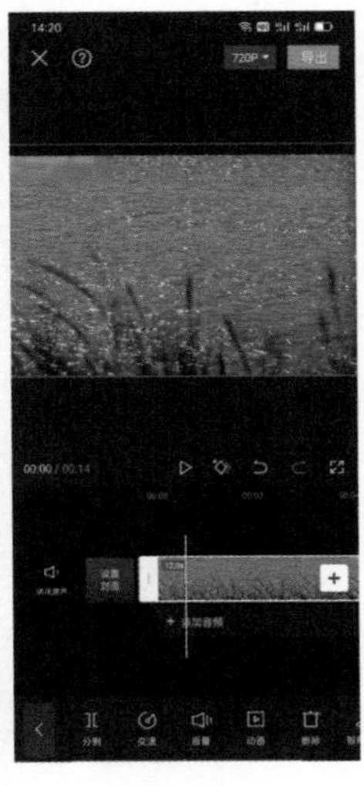

图7-42

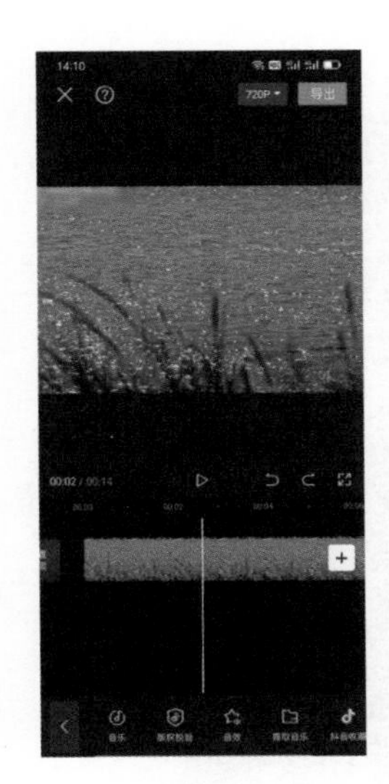

图7-43

步骤03 添加一个声音素材，这里添加“一花一木（朗读）”声音素材，如图7-44所示。

步骤04 点击音频轨道上的声音，在下方工具栏中点击【变速】按钮，如图7-45所示。

图7-44

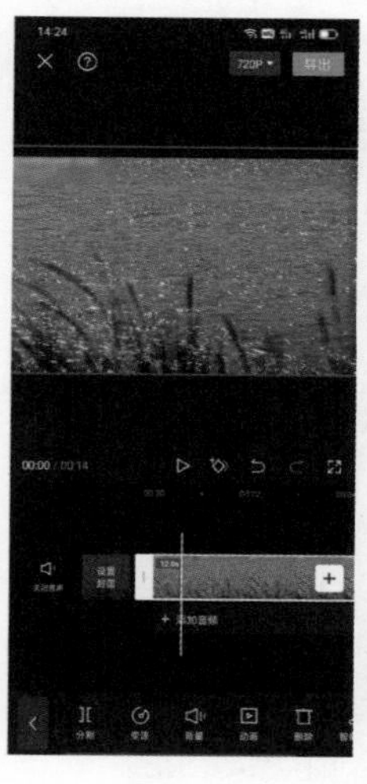

图7-45

步骤05 在“变速”页面中将音频的播放速度设置为1.5X（即1.5倍），勾选【声音变调】复选框，如图7-46所示。

步骤06 设置完成后点击✓按钮确定，音频变调操作完成。点击播放按钮▷播放视频，效果如图7-47所示。

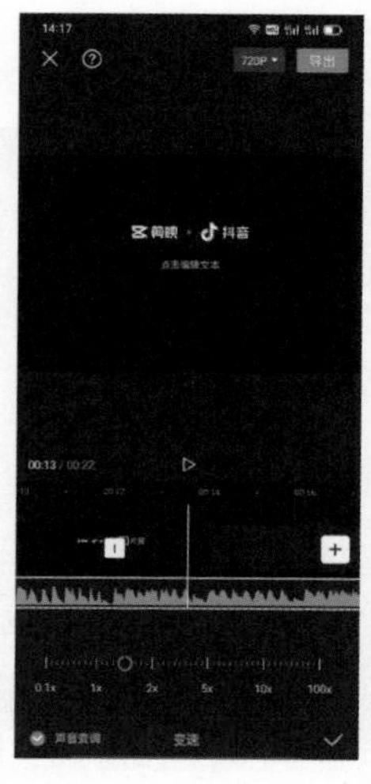

图7-46

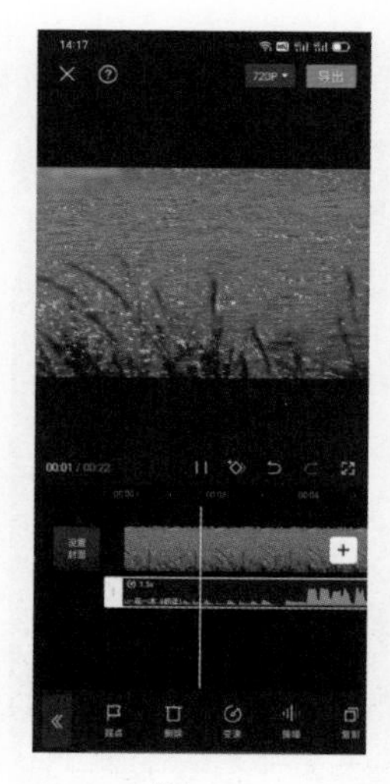

图7-47

080 音频变速，制作奇趣音频效果

使用剪映的音频变速功能，可以制作一些奇趣的音频效果。下面详细介绍音频变速的制作方法与步骤。具体操作如下：

步骤01 打开剪映，点击【开始创作】按钮，添加视频素材，如图7-48所示。

步骤02 点击空白处，然后点击工具栏中的【音频】→【录音】按钮录制音频，如图7-49所示。

步骤03 录制的音频内容出现在了音频轨道上，如图7-50所示。

图7-48

图7-49

图7-50

步骤04 选择录制的音频素材，然后点击视频轨道前面的【关闭原声】按钮，将视频原声关闭，如图7-51所示。

步骤05 点击工具栏中的【音量】按钮，调整录制的音频的音量，如图7-52所示。

图7-51

图7-52

步骤06 点击✓按钮返回，然后点击【变速】按钮，设置音量为1.3，如图7-53所示。

步骤07 至此，音频变速制作完成，点击播放按钮▷播放视频，如图7-54所示。

图7-53

图7-54

081 淡入淡出，使声音过渡更自然

使用剪映处理声音时，经常会用到声音的淡入淡出功能，比如在编辑歌曲视频时，使用淡入功能让歌曲开始的声音渐渐变强，而在结束时让声音慢慢消失，这段音乐的声音就不会忽大忽小，而是自然过渡。声音淡入淡出的具体操作步骤如下：

步骤01 打开剪映，然后点击【开始创作】按钮，添加视频素材，如图7-55所示。

步骤02 点击【音频】→【音乐】按钮，添加一段音乐，如图7-56所示。

图7-55

图7-56

步骤03 可以看到时间轴上音频的时长比视频的时长长，将音频与视频的开始位置对齐，然后把时间线移动到视频的结尾处，点击【分割】按钮，裁掉多余的音频，如图7-57所示。

步骤04 把多余的那段音乐删除，效果如图7-58所示。

步骤05 选择音频轨道上的音频，点击【淡化】按钮，进入“淡化”页面设置，如图7-59所示。

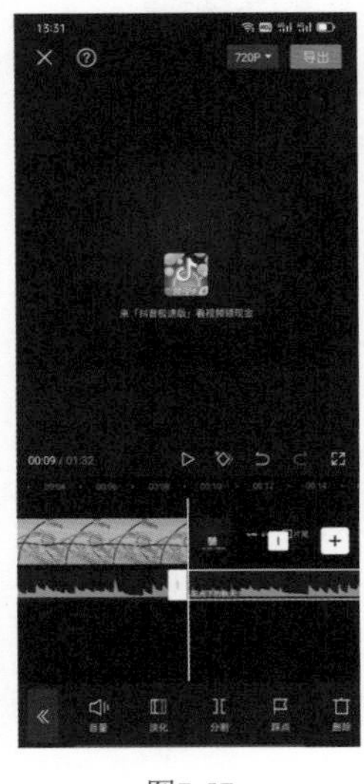

图7-57

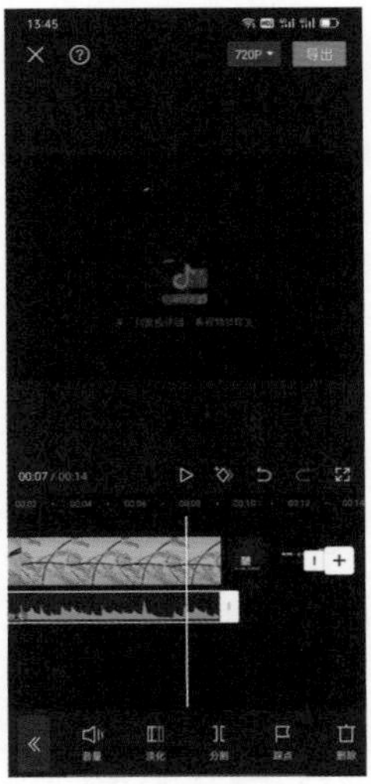

图7-58

图7-59

提示 其中，【淡入时长】用于音乐的开始，【淡出时长】用于音乐的结束。使用淡入的效果能够让音乐慢慢由小变大。使用淡出的效果不会让人感觉音乐突然停止。

步骤06 首先设置音乐的【淡入时长】，淡入时长一般设置为3s，如图7-60所示。再设置音乐的【淡出时长】，淡出时长一般设置为4s，如图7-61所示。

步骤07 设置完成后，点击✓按钮确定，音乐的淡入淡出的效果即可制作完成，点击播放按钮▷播放视频，如图7-62所示。

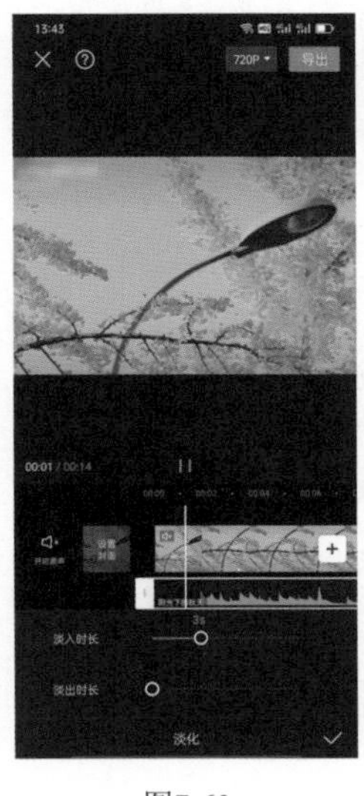

图7-60

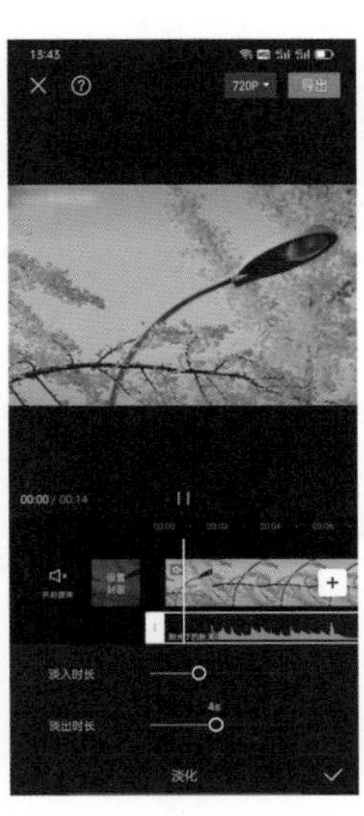

图7-61

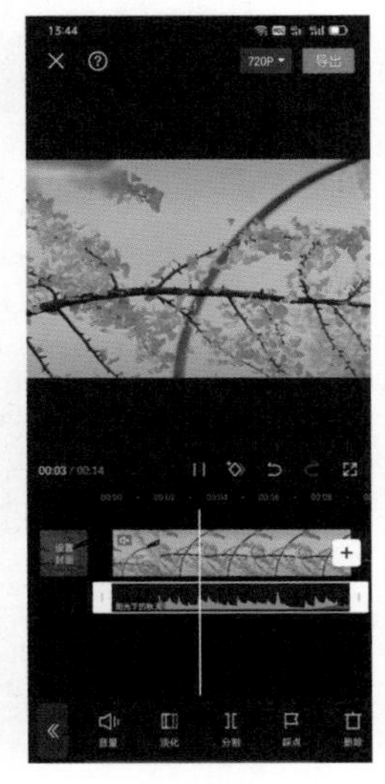

图7-62

082 音乐踩点，制作有节奏感的卡点短视频

最近，在抖音、快手等自媒体平台上流行一些卡点短视频，这些卡点短视频既具有强烈的节奏感，又好玩。下面学习使用剪映的音乐踩点功能制作卡点短视频的方法与步骤，具体如下：

步骤01 打开剪映，点击【开始创作】按钮，添加图片素材，如图7-63所示。

步骤02 在工具栏中点击【音频】→【音乐】按钮，在搜索栏中搜索卡点音乐，选择一首合适的音乐，点击【使用】按钮，如图7-64所示。

图7-63

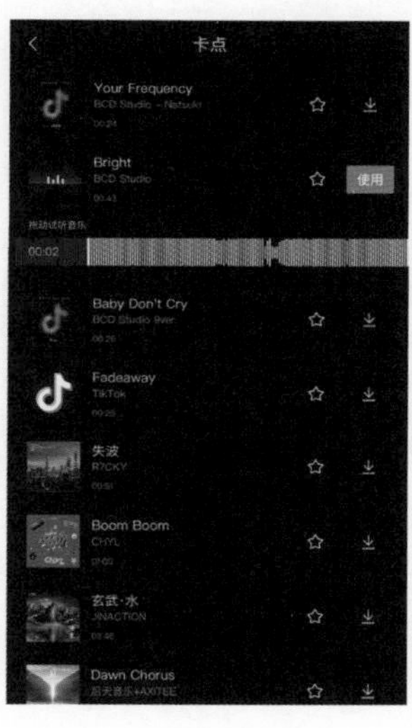

图7-64

步骤03 选择音频轨道上的音频，点击工具栏中的【踩点】按钮，如图7-65所示。

步骤04 在“踩点”页面中打开【自动踩点】开关，在弹出的页面中点击【添加踩点】按钮，如图7-66所示。

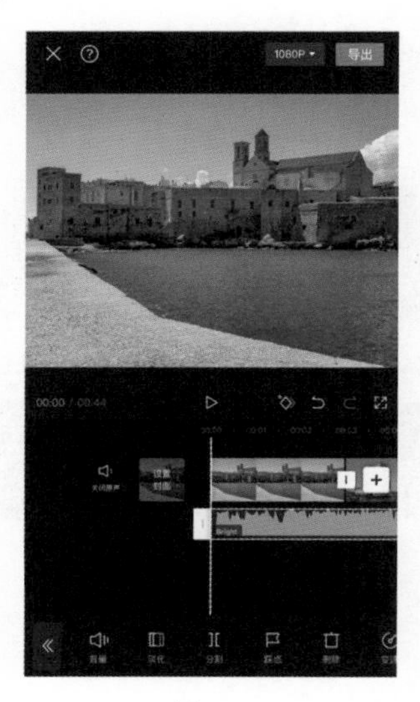

图7-65

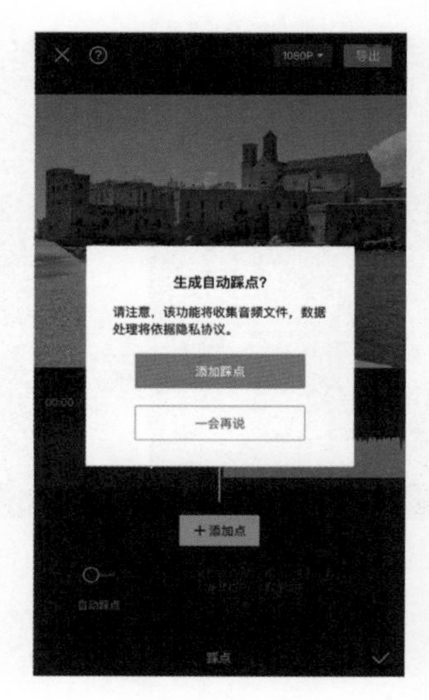

图7-66

步骤05 在“踩点”页面中选择“踩节拍Ⅱ”选项，这时音频轨道下面将会出现一些节点，如图7-67所示。

步骤06 点击✓按钮，然后把所有的图片调到节点上，如图7-68所示。

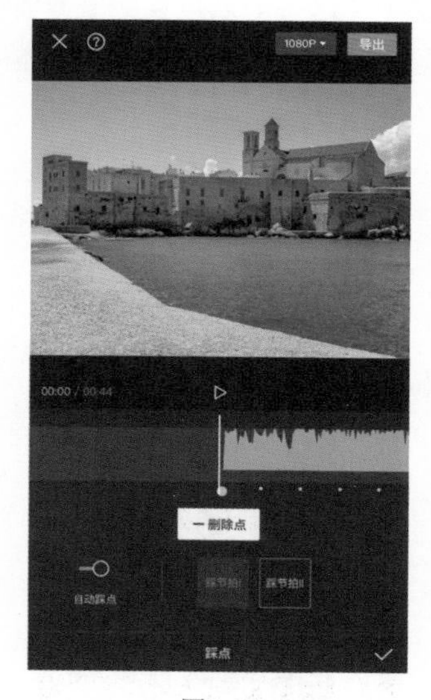

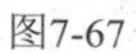

图7-67

图7-68

步骤07 为图片设置转场效果，点击图片之间的分割线【|】，在“转场”页面中点击【运镜转场】选项卡，选择【推近】选项，设置转场时间，点击✓按钮确定，如图7-69所示。

步骤08 为每个图片之间都调好转场，如图7-70所示。

步骤09 至此，踩点视频就制作完成，点击播放按钮▷播放视频，效果如图7-71所示。

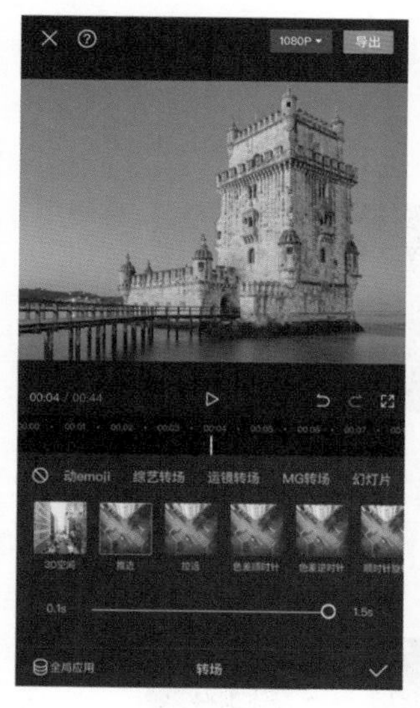

图7-69

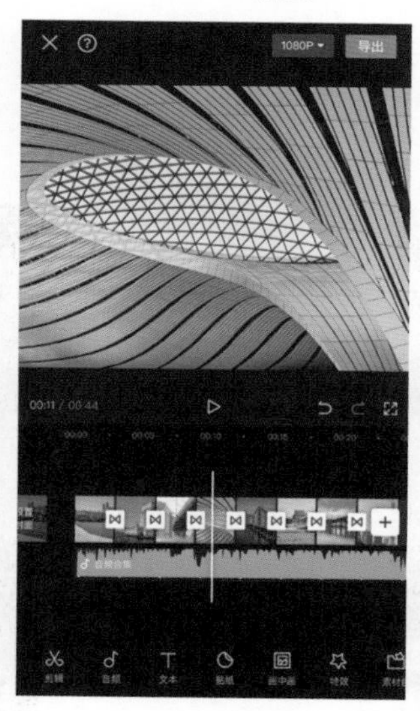

图7-70

图7-71

第8章

6种发布技巧，提升短视频观看率

本章提要

短视频编辑完成之后，接下来的工作就是将编辑制作好的短视频发布到在短视频平台上。要发布短视频，首先要了解短视频平台的特点和要求，其次应该对短视频制作统一风格的封面，撰写一个有吸引力的标题，最后设置符合视频的分辨率和帧率等，以符合短视频平台的要求。

083 短视频封面的重要性

短视频封面是向用户展示短视频的窗口，用户观看短视频时，第一眼看到的就是封面。一个优质的封面能够使用户产生观看视频的好奇心理。反之，如果封面不好，用户很可能会直接滑走。一个高点击率的短视频封面往往具备如表8-1所示的四个特点。

表8-1 高点击率短视频封面的特点

特　　点	主要内容
封面与视频内容相关	封面与内容相关，用户能够通过封面快速了解短视频要传达的信息，有效减少目标用户错失率。例如短视频内容是教人做美食的，那么封面就可以放上美食完成的照片，从而吸引受众用户点击。同时，与内容相关的封面往往能够快速吸引潜在用户的注意，不仅能够大大增加点击率，还能为账号吸引大批新的粉丝
封面呈现精彩画面	所谓精彩画面，也就是能吸引用户眼球的画面。这个精彩画面可以是视频中最美的场景，也可以是最炫酷的场景。例如短视频内容是萌宠，那么这个封面就可以截取短视频内容中宠物最美、最萌的一帧画面，并进行一些后期处理，让画面效果更完美，从而吸引用户点击
封面是IP形象	选取封面的时候，有意识地强化IP形象，可以增强用户的注意力，形成观看习惯
封面点名标题	根据标题选择视频封面也是一个提高视频点击率的重要方法。当视频封面与标题相呼应时，能更加强化用户对视频内容的清晰度。以某输出PS技能的短视频封面为例，通过一句“你绝对不知道的PS冷知识”，直接点出了视频的标题和内容，极大地引起了用户的好奇心，如此一来，用户就会很愿意点击观看

封面决定观众对短视频第一印象，如果封面具有吸引力，那么它会给我们带来超高的人气。以知名食品账号“三只松鼠”为例，其封面图大多数是以IP形象松鼠为主。三只松鼠部分封面图如图8-1所示。

图8-1

084 使用编辑视频中的画面作为封面

既然好看的封面能有效提高视频点击率，那应该如何制作封面呢？本节学习一下使用编辑视频中的画面作为封面。具体操作步骤如下：

步骤01 打开剪映，点击【开始创作】按钮，添加视频素材，如图8-2所示。

步骤02 点击视频轨道左侧的【设置封面】按钮，如图8-3所示。

图8-2

图8-3

步骤03 可以左右滑动选择封面，将时间轴滑动到想要作为封面的画面，点击【添加文字】按钮，输入封面文字，如图8-4所示。

步骤04 点击✓按钮，然后点击页面右上角的【保存】按钮。

步骤05 封面设置好后导出视频，然后在相册中查看刚刚导出的视频，如图8-5所示，可以看到设置好的封面出现在了视频开头。

图8-4

图8-5

085 导入相册中的设计好图片作为封面

封面图做好以后怎样在剪辑视频的时候使用呢？本节学习导入相册中设计好的图片作为封面。具体操作步骤如下：

步骤01 打开剪映，点击【开始创作】按钮，添加视频，如图8-6所示。

步骤02 点击视频轨道左侧的【设置封面】按钮，如图8-7所示。

步骤03 点击【相册导入】按钮，在弹出的页面中选择已经设计好的封面，如图8-8所示。

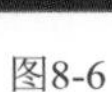

图8-6

图8-7

图8-8

步骤04 点击【添加文字】按钮，输入文字，点击页面右上角的【保存】按钮，如图8-9所示。

步骤05 在相册中查看刚刚导出的视频，如图8-10所示，可以看到设置好的封面出现在了视频开头。

图8-9

图8-10

086 使用封面模板设计封面

设计封面需要一些灵感创意，创作者可以借助剪映的封面模板来快速设计封面。具体操作步骤如下：

步骤01 打开剪映，点击【开始创作】按钮，添加视频素材，如图8-11所示。

步骤02 点击视频轨道左侧的【设置封面】按钮，如图8-12所示。

步骤03 点击【封面模板】按钮，进入如图8-13所示的页面，这里有多种类型的模板可供选择。

图8-11

图8-12

图8-13

步骤04 选择一个合适的模板，点击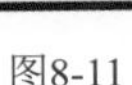按钮，封面设置完成，点击页面右上角的【保存】按钮，如图8-14所示。

步骤05 在相册中查看刚刚导出的视频，可以看到设置好的封面出现在视频开头，如图8-15所示。

图8-14

图8-15

087 撰写有吸引力的标题

短视频的标题和封面一样，都是直接影响视频观看率的重要因素。好的标题，具有表明视频主题、获取系统算法下的渠道流量，以及引导用户行为的特点。一般来说，系统会不会推荐这个短视频，很大程度上是取决于短视频的标题。

一个标题越是优秀，获得系统推荐的机会也就越多，展现在用户面前的机会也就越多，也更容易得到点击量；而平台的系统推荐机制又和点击量有关系，这样就可以形成一个系统推荐、用户观看、系统根据用户反馈再次推荐的良性循环。下面列举一些具有吸引力的标题写法，如表8-2所示。

表8-2 具有吸引力的标题写法

标题写法	具体内容
直接体现主题	标题清晰地表现出视频主题，有利于用户对视频有一个初步了解，让用户知道这个视频说的是什么，从而直抵用户内心。以减肥机构的视频内容为例，直接找到垂直用户的诉求，用“我们”“一起”等容易引起共情的词汇，引起用户关注。例如“我要一个月从150斤减到120斤，关注我，我们一起变瘦！！！！”
挑起话题	通过挑起话题引发用户思考，引导用户评论，这也是获得高推荐量的手段之一。例如，关于孩子的问题，很常见也很典型，可以用标题引导他们讨论，参与到话题中来，标题可以是“二胎家庭，真的能一碗水端平吗？”
制造悬念	制造悬念多是为了完成完播率而故意用一些带有悬念的文字，来引发用户看完视频，例如“最后那一条肯定颠覆你三观！”这一文案，就引起很多人的好奇心，继而愿意看到视频结尾
故意“恐吓”	故意用容易引起争议的文案为主，如用一些略带夸张的词汇，引起很多用户的反驳、不满，故而达到很热闹的讨论效果。例如“空调久用不洗居然有毒，你敢信？”

值得注意的是，根据相关数据显示，优质的短视频或是短视频达人，在标题上都有一个共同点，字数在20~30字。这反映了这样长度的标题更容易获得高推荐量。除此之外，标题过长，用户观看起来会觉得烦琐，并产生疲惫感。

088 优化发布时间

短视频平台到底什么时候发布容易上热门呢？有的人习惯于剪辑完了就顺手把视频发出去了，这样很可能错过了粉丝最活跃的时候。通过统计发现，每个短视频平台每天都有各自的流量高峰期。大部分短视频的播放量、转发量、评论量等基本上都是在流量高峰期间内完成的。因此，了解短视频平台的流量高峰期，从而确定短视频最佳发布时间，更有助于提高短视频的各项数据。流量高峰期是根据用户习惯形成的。一天当中，各平台各时间段的在线用户人数都有所差异，有高峰期也有低谷期，具体如表8-3所示。

表8-3 短视频发布时间段分析表

时 间 段	流 量 期	原 因
7:00~10:00	流量高峰期	这个时间段是用户起床、上班、吃早餐的时间，是使用短视频平台最频繁的阶段
11:00~14:00	流量小高峰	这个时间段是用户吃饭、休息的时间，虽然也会观看短视频，但更注重吃饭和休息，以保持下午良好的工作状态
14:00~17:00	流量低谷期	这个时间段是用户上班工作的时间，观看短视频的概率很低
17:00~19:00	流量小高峰	这个时间段是用户下班、通勤的时间段，大多数人会因为路途漫长堵车等原因观看短视频打发时间，从而形成一次流量小高峰期
23:00~1:00	流量小高峰	这个时间段有很大一部分的用户会观看短视频来打发时间，也会形成一次小的流量高峰期
1:00~7:00	流量低谷期	这个时间段属于用户休息的时间

这种规律具体反映到抖音平台上，呈现出非常明显的特征。根据抖音官方数据统计分析，抖音在线用户聚集的时间点为8点、13点、18点、20~22点。而抖音用户点赞最多时间段则是13点和18点。如果在流量高峰期发布短视频，更容易增加视频的曝光率，提升短视频播放量和点赞量。

大家也可以通过对粉丝活跃时间分析，来选择最佳的视频发布时间。

步骤01 打开抖音，点击“我”，然后点击右上角三个横杠的图标，如图8-16所示。

步骤02 点击创作者服务中心，如图8-17所示。

步骤03 系统自动跳转新页面，在“近7日数据概览”中即可查看粉丝活跃时间，如图8-18所示。

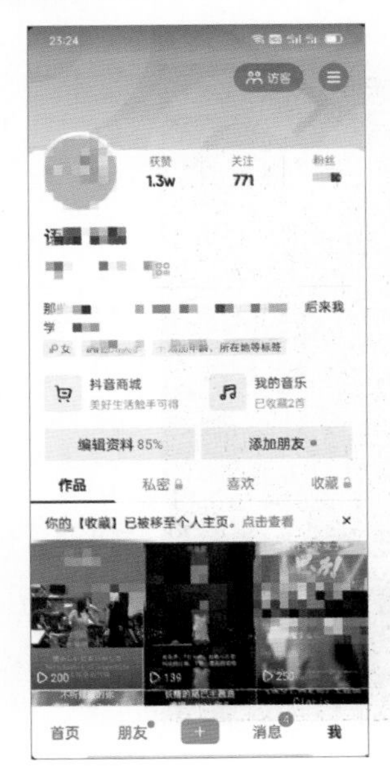

图8-16

图8-17

图8-18

值得注意的是，需要开通“数据看板能力”才能查看更多详细数据，但开通这一功能的前提是抖音粉丝量要满1000。

089 设置视频的分辨率和帧率

视频分辨率是指视频图像在一个单位尺寸内的精密度，通常用ppi表示。分辨率为1920×1080表示视频的每一幅图像水平方向有1920个小方块（像素），垂直方向有1080个小方块（像素）。分辨率越高，视频越清晰，所占存储空间也就越大。

帧率是指手机（摄像机）每秒所拍摄图片的数量，连续播放这些图片就形成了动态的视频。帧率越高，视频画面越流畅、越逼真，视频所需的存储空间也越大。

对于视频分辨率而言，目前1080p是短视频网站主流的分辨率。因为1080p已经足够清晰了，分辨率过大容易造成视频的体积过大，上传受限。对于帧率而言，如果视频帧率高于16f/s时（即视频每秒播放16幅图片），则视频内容处于连贯状态；如果低于16f/s时，则视频内容播放就不连贯了。

提示 目前视频的帧率通常在24～30f/s，也有60/s，但推荐设置视频的分辨率为1080p，帧率为24f/s。

下面介绍使用剪映来设置视频的分辨率和帧率，具体操作步骤如下：

步骤01 打开剪映，添加视频素材。

步骤02 编辑视频完成后，点击页面右上角【导出】按钮旁边的【720p】（或者【1080p】）按钮，如图8-19所示。

步骤03 页面自动跳转设置分辨率和帧率页面，设置分辨率为1080p、帧率为25即可，如图8-20所示。

图8-19

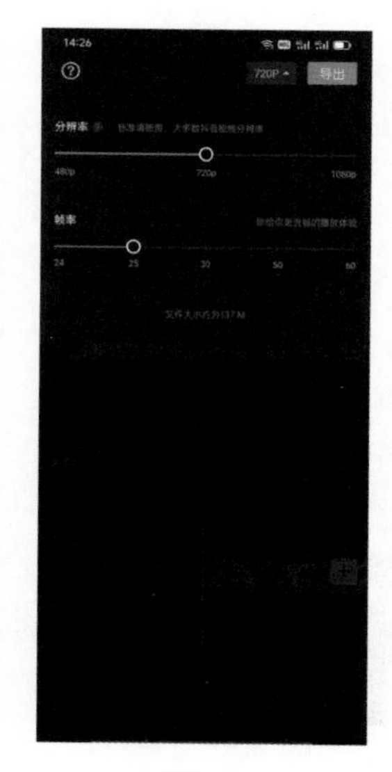

图8-20

提示 在拍摄视频时可以选择2K或者4K，这样原片质量高，便于后期剪辑时的放大。目前，分辨率1080p是各平台、各行各业用得最多的视频分辨率，因此，成片的输出分辨率通常为1080p。

090 选择合适的平台发布视频

剪辑好视频后，接下来的工作就是发布视频。面对众多的视频平台，应该如何选择发布渠道呢？首先，应该选择人气高的视频平台，人气高、平台流量大，发布的视频被点击观看的机会就多；其次，每个视频平台各有特点，有的平台娱乐性强，有的平台用户集中在三四线城市。因此，在发布视频前应该在了解当下热门视频平台及各个平台的特点，再结合视频内容，选择适合的发布渠道。

1. 热门短视频平台简介

下面我们简要了解一下目前最热门的一些视频平台。

（1）抖音

根据2021年1月6日抖音发布的《2021抖音数据报告》显示，截至2021年1月5日，抖音日活跃用户数突破4亿，成为国内最大的短视频平台。

抖音用户以一二线城市为主，推荐模式以滚动式为主，系统推什么，用户就看什么。由于抖音短视频有着市场大、用户多等优点，所以成为很多企业的营销阵地。很多企业在抖音发布营销视频并进行直播，其中很大一部分企业都取得了理想的营销效果。

（2）快手

快手是由快手科技开发的一款短视频应用App，可用照片和短视频记录生活，也可以通过直播与粉丝实时互动。根据快手科技发布的2021年第一季度业绩显示，在2021年第一季度，快手应用程序及小程序的平均日活跃用户数达到3.792亿，同比增长26.4%，环比增长20.0%。由此可见，快手也是一个热门的直播、短视频平台。

快手的内容覆盖生活的方方面面，用户遍布全国各地。这些用户对新事物的接受度较强，是很优质的电商客户。由于用户基数大而广，快手吸引企业纷纷入驻快手，完成分享视频、直播卖货等操作。

（3）视频号

微信视频号（简称“视频号”），是一个人人可以记录和创作的平台，也是一个了解他人、了解世界的窗口。视频号是腾讯旗下的产品，依托于微信，直接连接微信10多亿用户，有着流量高的优点。同时，由于微信小程序、公众号、朋友圈、视频号等工具互相打通，视频号的内容可以直接分享至好友、朋友圈，轻松实现信息裂变。

（4）小红书

小红书是一个生活方式平台和消费决策入口，从社区起家。根据千瓜数据独家推出的《2021小红书活跃用户画像趋势报告》来看，小红书有超1亿的月活用户。众多用户在小红书社区分享文字、图片、视频笔记，记录着美好生活。数据还显示，小红书2020年笔记发布量近3亿条，每天产生超100亿次的笔记曝光。

对于新媒体运营而言，小红书是电商+微博的内容型营销方式。只要能产出优质内容，传播效果能带来意想不到的效果。小红书的内容呈现方式主要以图文及视频的笔记为主，在创建账号后即可发布笔记内容。

（5）B站

哔哩哔哩（英文名bilibili，简称B站），是年轻人高度聚集的文化社区和视频平台，创建于2009年6月26日。早在2018年3月28日，B站就在美国纳斯达克上市，到了2021年3月29日，B站正式在香港二次上市。

根据B站在2021年11月公布的第三季度财务报告显示，B站月均活跃用户数达2.67亿，同比增长35%；日均活跃用户数达7200万，同比增长35%。同时，B站三季度营收达52.1亿元人民币，同比增长61%。无论是从用户数还是营收状况来看，B站都处于高速发展阶段，有着不可估量的前景。

（6）西瓜视频

西瓜视频是字节跳动旗下的中视频平台，通过人工智能让每个人发现自己喜欢的视频。西瓜视频和抖音都是字节跳动公司的产品，所以在剪映剪辑的视频发布到抖音平台的同时，也能同步到西瓜视频，十分便捷。

（7）美拍

美拍是由厦门美图网络科技有限公司出品的一款可以直播、美图、拍摄、后期制作的短视频社交软件。美拍短视频内容丰富多元有趣，涵盖了明星、搞笑有趣、女神男神、音乐舞蹈、时尚美妆、美食创意、宝宝萌宠等方面。

美拍是一个以网红达人和爱美女性用户为主的短视频社区，以直播和短视频为主要功能。用户可以在美拍上面观看视频、直播、拍摄视频、特效处理、寻找同好等，深受年轻人喜欢。

美拍主打直播和短视频拍摄，拍摄时单独有“频道”模块，并且加入排行榜功能，通过标签与分类，用户可以自主选择进入不同的领域，大大提高了用户的黏性。美拍以“美拍+短视频+直播+社区平台”的营销理念，从视频拍摄到分享，从分享到获利，形成了一条完整的生态链，这也是美拍在竞争激烈的短视频平台站稳脚跟的重要因素。

在了解各个视频平台后，为了进一步比较视频平台的特点，表8-4给出了抖音、快手、视频号、B站4个平台在用户量级、用户画像、平台特点等方面的对比。

表8-4 抖音、快手、视频号、B站4个平台的对比

	抖　音	快　手	视 频 号	B站
用户量级	平均日活用户数6亿	平均日活用户数3.77亿	日活用户数4.5亿	平均日活用户数6010万
用户画像	男女比例较为均衡，主要以80、90后用户为主。用户更为关注好看、好玩、好听的内容	女性占比为66.2%，80后占比为40.5%。用户更为关注真实、有温度的内容	男女比例各为60%和40%，主要集中在26~35岁的用户群体。更为关注时事、娱乐、文化、教育、情感等内容，用户黏性度高	女性用户占57%，18~35岁占78%。用户更为关注有创造力、想象力的原创内容

（续表）

	抖音	快手	视频号	B站
平台特点	将短视频、直播等真实、有趣的内容通过算法推荐，打造爆款，快速提升用户认知，完成所见即所得	偏私域，老铁文化浓厚；平民化、去中心化社区氛围；生活化短视频、直播内容特点显著，用户黏性高	私域社区、高质量内容、深度交流互动特点显著；公众号、小程序、视频号、微信群等形态共同作用	新生代话题营销阵地，强圈层效应显著；包容性强，多元文化共存平台
分发机制	中心化算法分发，社交关系权重低、内容质量权重高，重人工运营	去中心化算法分发，社交关系权重低，运营干预相对小	去中心化，社交推荐+算法推荐，社交关系权重高，运营干预	相对公平的流量分发机制，根据粉丝的兴趣爱好推荐内容
内容创作者	头部效应明显，明星入驻率高，幽默、游戏、美食等垂直类账号粉丝多，娱乐明星、政务类账号关注度也在上升	粉丝和达人之间链接强，明星入驻率高，头部垂类更为日常化，粉丝较多的账号多为美食、游戏、萌宠、剧情等垂类	个人品牌IP从私域走向公域流量，粉丝分布相对均衡。已认证账号中，资讯类最多，其次是生活、教育、财经、健康等类型	"去二次元"化加深，UP主类型及内容逐渐丰富，如生活、游戏、娱乐、动漫、科技等垂直内容
商业化变现	适合平台主导的变现方式，如信息流广告、直播带货等	适合达人主导的变现方式，如直播打赏、直播带货等	适合私域流量变现，如广告、直播带货、主播卖货等	根据用户群体属性，衍生出视频会员、视频广告、购物等变现方式

由此可见，各个视频平台各有特色，大家可结合品牌、产品特点，选择1~2个视频平台进行内容深耕。

2. 发布短视频

在编辑好短视频，以及确定发布平台后，就可以开始发布短视频了。其实，各大平台发布视频的方法基本相同，这里以抖音平台为例来讲解发布短视频的步骤。

步骤01 打开抖音，进入【推荐】页面，点击下方的【+】按钮，如图8-21所示。

步骤02 进入【快拍】页面，点击右下方的【相册】选项，如图8-22所示。

图8-21

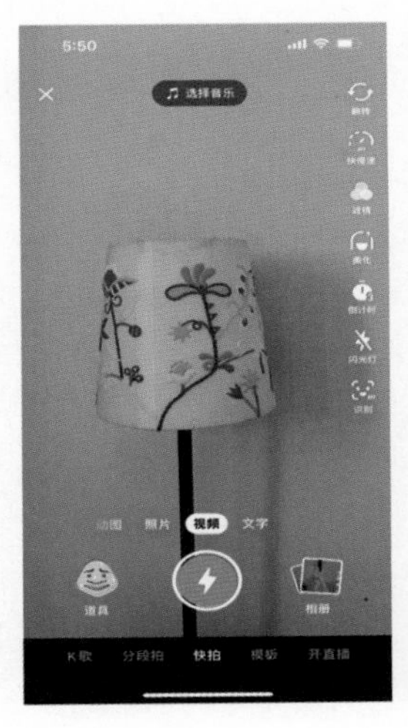

图8-22

步骤03 进入【最近项目】页面，点击【视频】选项，选择编辑好的视频，点击【下一步】按钮，如图8-23所示。

步骤04 进入视频【编辑】页面，为视频添加文字、音乐等内容后，点击【下一步】按钮，如图8-24所示。

图8-23

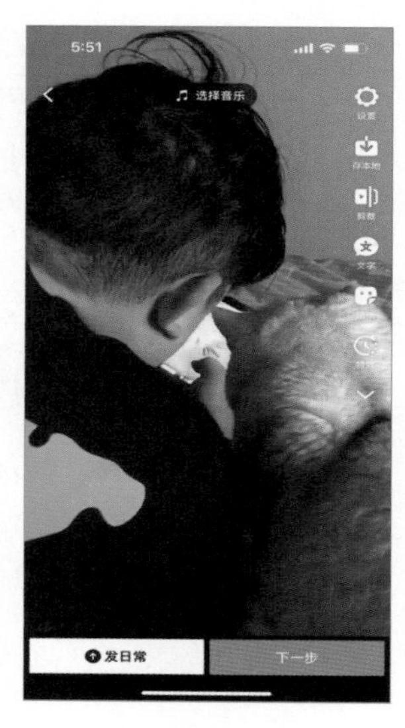

图8-24

步骤05 进入视频【发布】页面，完善视频标题、封面、定位等内容后，点击【发布】按钮即可以发布短视频，如图8-25所示。

步骤06 系统自动跳转【动态】页面，即可看到发布成功的视频，如图8-26所示。

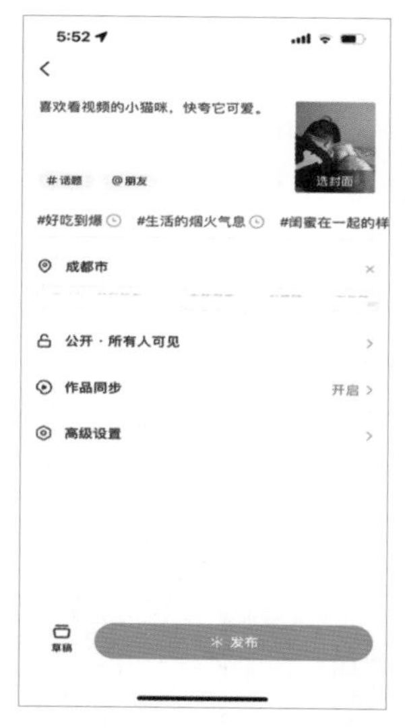

图8-25

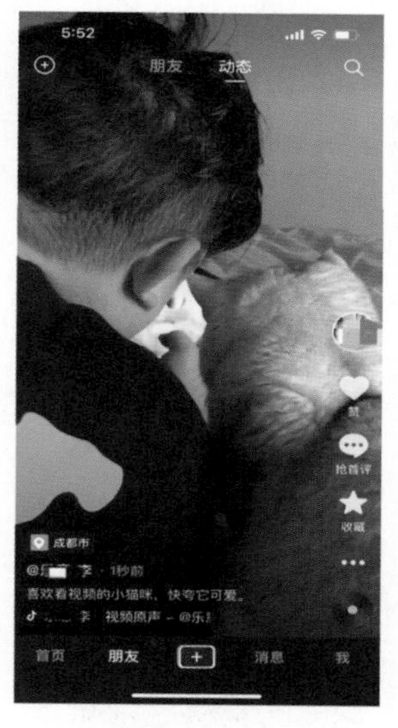

图8-26

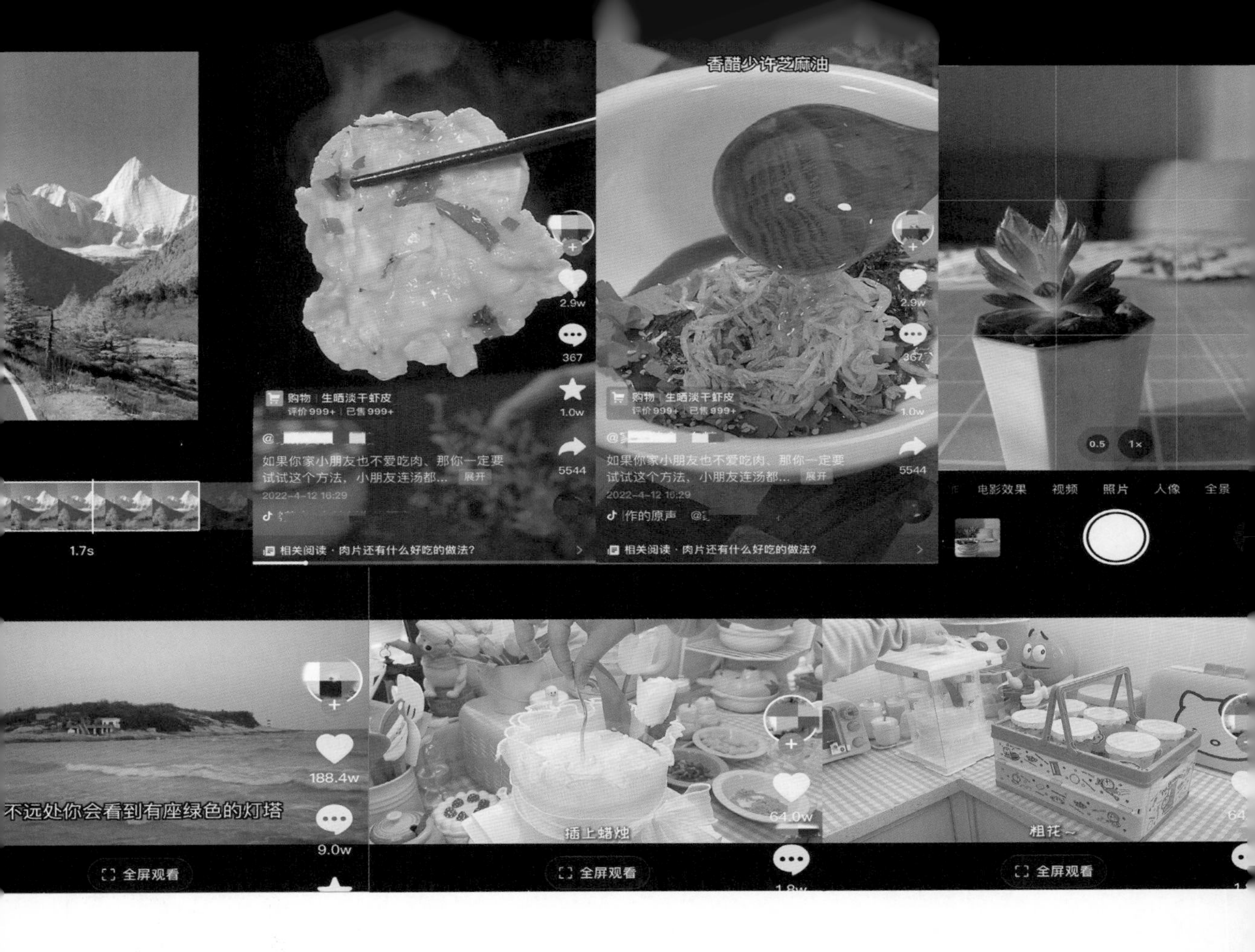

第 9 章

热门短视频制作，全面提升实战技能

本章提要

前面学习了剪映的界面、基础剪切功能、调色、热门特效、人像处理、字幕特效、音频处理，以及发布技巧等内容。本章将学习制作热门短视频的方法和技巧，全面提升短视频的实战技能。

091 制作vlog短视频

vlog（video blog的简称）是指视频博客、视频网络日志，它是博客的一种。vlog视频一般由真人出镜，记录创作者日常生活的所见所闻，这类视频能够拉近用户和创作者之间的心理距离。

例如，某抖音账号经常发布一些记录自己日常生活的vlog，吸引了500多万粉丝的关注。从该账号的首页来看，该账号作品仅100多条，点赞量已过9000多万，多条vlog视频作品的点赞量过百万，如图9-1所示。

图9-1

vlog的优点在于作品容易传递出温馨、亲切的感觉，且拍摄不复杂，也容易出爆款作品；它的缺点在于需要拍摄大量的视频素材，并进行剪辑和配音，对文案要求也高。

一个完整、优质的vlog短视频，通常都是由主题、形式和内容组成。vlog短视频的时长通常控制1~3分钟之内为佳，不要太短，也不要太长，但要让用户对视频感兴趣，最重要的是有好的内容。

1. vlog 的脚本创作

或许有读者会问：vlog视频所有的拍摄、剪辑、出境人物都是自己，那还需要脚本吗？答案是肯定的。对于一个优秀的vlog视频，必须有丰富的故事情节以及让人眼前一亮的主题，才能打动受众，从而激起其点赞、互动的兴趣。至于如何写好故事和主题，就需要脚本创作。

脚本就是视频作品的大纲，用来指导作品的发展方向和拍摄细节，是视频作品的框架，用文字或绘画记录作品中每个场景画面的内容。

提示 | 脚本不仅可以提高视频的拍摄效率，节约拍摄时间、降低拍摄成本，而且还可以确保作品的中心主题明确。

那么如何编写脚本呢？

编写脚本要围绕三个基本要素：明确主题、搭建故事框架、丰富拍摄细节。

首先，需要确定主题，也就是视频的时间、地点、人物、事件等要素。比如“记录普通白领自制下午茶”“国庆小长假和闺蜜去雪山”“陪妈妈吃网红甜品”等，就是一个个鲜明的主题。主题是为了定框架，让接下来的拍摄和编辑都围绕一个目的。

确定好主题后，接下来还需要确定vlog的风格。以日常生活vlog为例，常见风格大致分为主角口头叙述和配音旁白这两种。主角叙述需要主角能自然面对镜头，比较考验主角的现场发挥，如图9-2所示为某主角口头叙述风格的vlog视频截图。这类风格的vlog视频要求主角逻辑清晰，能用口述的方式围绕主题说明观点、经历等内容，让人有继续看下去的欲望。

提示　对于新手来说，拍摄这种风格，可能会让镜头前的人比较紧张。针对这一问题，可以通过对着镜头反复练习，逐步缓解紧张。

对于配音旁白而言，整体风格偏电影感一些，对拍摄镜头画面美感要求更高，如图9-3所示为某配音旁白风格的vlog视频截图。这类风格的vlog视频多用于记录游记，内容能迎合主题突出某个景点、某段旅程即可，对画面精美度有较高要求，视频画面要有足够的视觉冲击力，才能引发更多人对视频感兴趣。

图9-2

图9-3

在确定视频风格后，接下来还需要确定视频内容框架。对于主角口头叙述为主风格的vlog视频，可以参考如图9-4所示的开场、空景、串场话术、人与景、结尾即可。

图9-4

- 开场：点明主题，告诉镜头前的观众，这条视频里的人要做什么，去哪里，同伴是谁等。
- 空景：用不带人物的镜头画面，展现更大的环境，如海景、山景、操场、教学楼等。
- 串场话术：主角自述来串联各个画面内容，如“我今天和妈妈去打卡网红旗袍店”（镜头一转至某幅照片）“妈妈年轻时候是个美女，很喜欢穿裙子”，（镜头再转至某聊天记录）“妈妈上个月和我微信聊天，就说想买一条墨绿色裙子，去参加同学聚会时候穿”，中间的讲话就是串联各个镜头画面的串场话术。
- 人与景：拍摄目的地的场景、人物等内容，如展现去到旗袍店，所看到的店招、店内环境、所陈列的旗袍以及迎宾小姐姐、妈妈等人物。
- 结尾：展现成果，总结整条视频，如妈妈很开心买到了合身的旗袍，今天就结束了，明天再带她去美容店化妆，等等。

这样，一个主角口述为主的vlog脚本就写好了，大家可以参照这一流程填充更多内容。对于配音旁边、配音类的vlog而言，内容框架要复杂一些，需要提前做好框架构思，增强画面美感及提高画面连接流畅度。对于这类视频的构思，建议以点即面地丰富内容，一个主题出发，不断延伸拍摄内容，从而形成一个完整的故事。

以拍摄一段单身白领下班后的生活vlog为例，找准“下班生活”这一主题，接下来用九宫格裂变法，围绕用户关注的话题迅速找到内容方向。白领生活vlog内容的兴趣客户，可能是23~33岁的用户为主，为了吸引这些目标用户，先画一个九宫格，把目标用户填写在中间位置，裂变其他关系，如图9-5所示。这里的裂变主要考虑与目标用户密切相关的8个人物关系，如家长、同事、领导、路人等。

在裂变人物关系后，再将目标用户进行第二步九宫格裂变——场景化事件，如上班期间被领导约谈话、同事约饭、朋友约玩、给父母做晚饭等，如图9-6所示。

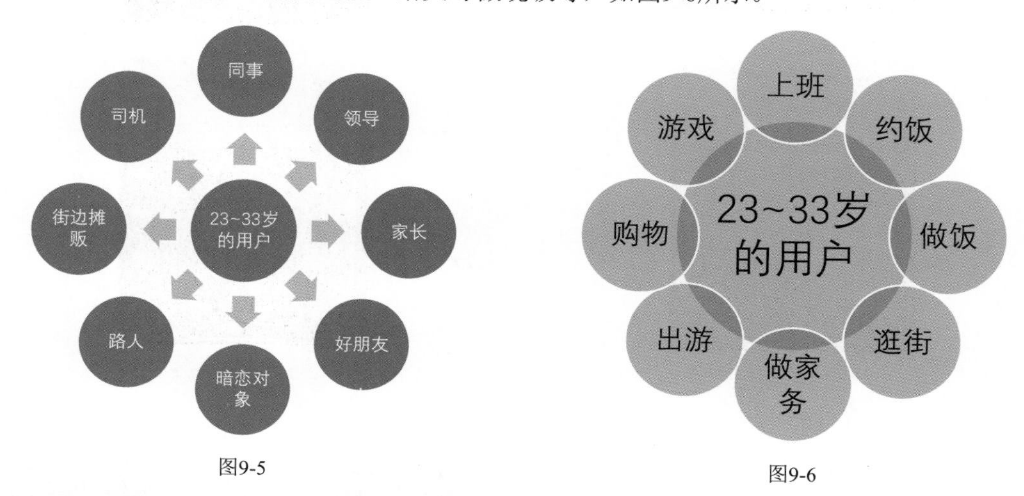

图9-5

图9-6

当进行场景化事件裂变后，基本可以快速裂变目标用户画像的文案脚本了。例如，针对被领导约谈：“下班前又被领导约谈了，说我这个月业绩不达标，有被优化可能。我该怎么办？”。又如，下班后买菜做晚饭这一主题：“在成都，月收入4000的普通白领晚饭怎么吃？”，等等。

为了创作完整的脚本，还需要将内容进行细分，以下班买菜做晚饭这一主题为例，需要延伸的镜头包括下班搭车回家、菜市场买菜、开门回家、切菜、炒菜、转盘以及享用等镜头。把这些镜头按照时间顺序串联起来，就可以形成一个完整的视频脚本。为创作出更为细致的脚本，可以把各个镜头进行更深层次的细化，如一个简单的切菜镜头，还包括切素菜、切肉食、切配料等动作。

最后，再来说一下视频的结尾，短视频的最终目的都是为了变现，因为视频的精华内容已经在过程中完成，大多数用户在这个时间段容易出现注意力分散的情况，需要临门一脚引导用户主动做出下载、购买、关注等交互行为。可以通过设计一些催促的话术来引导用户互动。例如，抓住用户的追求心态，将结尾设计为“关注我，给你分享更多生活”；利用用户的恐惧心态，将结尾设计为“那些没关注我的，最后都走了弯路。”

如此一来，整个视频有引人入胜的开头、精妙绝伦的过程以及引导互动的结尾，一步一步地引导用户观看视频，了解视频中讲解的内容（包括产品知识），并对内容感兴趣（做出购买、关注、点赞等行文），由此生成一个完整的视频脚本。

当然，在具体的拍摄过程中，应重点拍摄自己想展现的镜头。比如一个科技类账号，拍摄一条白领下班回家做晚饭的vlog，除了拍摄正常的做饭流程外，还需要加入一些有利于情绪价值传递或品牌信息植入的内容，比如开门进家、家里的感应灯自动打开、加湿器开始工作、烤箱里的蛋糕烘焙工作即将完成，等等。

总而言之，一条vlog既要有目标用户感兴趣的镜头，也要有有利于产品、品牌或情绪传递的内容。

2. vlog 的拍摄

很多人在剪辑视频时发现，虽然拍摄了很多素材，但能用的好像寥寥无几。究其原因才发现是拍摄问题，因为对构图、景别、运镜等内容没有系统的了解，导致频繁出现所拍画面背景散乱、人物不协调等。这里对拍摄vlog视频的构图、景别、运镜等内容进行详细讲解。

（1）构图

在进行短视频拍摄时，应用一些构图技巧，可以使画面更具美感和冲击力。例如，运用九宫格构图法、引导线构图法等，可以让视频作品的主体突出、富有美感、有条有理，令人赏心悦目。是否合理应用构图技巧，可以直接影响vlog视频的视觉效果。常见的构图方法如表9-1所示。

表9-1 常见的构图方法

构图方法	具体内容
三分构图法	三分构图法，顾名思义就是被摄主体在画面的三分之一处。具体而言，三分构图法就是把画面分成“上中下”或者是“左中右”三等分，每一分中心都可放置主体形态，这种构图方法一般比较适宜多形态平行焦点的主体。当要突出的主体比较长时（如人体、地平线等），可将主体安排在图片的三分之一处，这样可以使整个画面显得生动、和谐，主体突出
对角线构图法	对角线构图法，是指将主体安排在画面的对角线上的构图方法。这种构图方法可以使拍摄出的画面呈现很好的纵深效果与立体效果，画面中的斜向线条还可以吸引观赏者的视线，让画面看起来更具活力，从而达到突出主体的效果
对称式构图法	对称式构图法，是指利用主体所拥有的对称关系，来构建画面的构图方法。对称的事物往往会给观赏者带来稳定、正式、均衡的感觉，所以利用这种对称关系进行构图，可以达到非常好的视觉效果
黄金分割点构图法	黄金分割点构图法，即在画面上横、竖各画两条与边平行、等分的直线，将画面分成9个相等的方块，直线和横线相交的4个点就被称为黄金分割点。在拍摄时，将主体安排在黄金分割点附近，即可突出拍摄主体，又可使拍摄效果具有一定美感
中心构图法	中心构图法，是指将主体放置在画面中心进行拍摄的构图方法。这种构图方法的优点在于主体突出、明确，而且画面很容易达到左右平衡的效果，构图简练。利用中心构图法拍摄商品，能够很好地突出商品主体，让观众容易看到视频中的重点信息，从而将目光锁定到主体上

在日常的vlog中，实际上不用特别专业的构图技巧，熟悉常用的三分构图法、黄金分割点构图法以及中心构图法即可。如三分构图法，当被拍摄的主体画面较多时，可以考虑将其一部分安排在画面三分之一处，可使整个画面显得和谐而具有美感。如图9-7所示，为某校园vlog的部分

视频截图，视频中的人物处于下等分中，使得整个画面具有故事感，呼应视频“毕业季”的主题。

大家在拍摄视频时，如果无法确定被摄主体是否处于三分线处，可以打开九宫格网线，如图9-8所示。

图9-7

图9-8

（2）景别

景别是指由于在焦距一定时，摄像机与被摄体的距离不同，而造成被摄体在摄像机录像器中所呈现出的范围大小的区别。景别通常分为五种，由近至远分别为特写、近景、中景、全景、远景。以拍摄人物为例，特写指人体肩部以上，近景指人体胸部以上，中景指人体膝部以上，全景指人体的全部和周围部分环境，远景指主角所处的环境。

通过复杂多变的场景调度和景别交替使用，可以更清楚地表达vlog视频情节及人物思想感情，从而增强视频的艺术感染力。例如，某健身塑形的抖音账号，正是因为发现很多女孩子有着腿粗、屁股不够饱满等身材问题，根据这一痛点，做了多条视频。其中一条视频的景别变化与画面内容如表9-2所示。

表9-2 一条视频的景别变化与画面内容示例

镜 号	景 别	时 长	时 间 段	画面内容	内容目的	音 效
1	近景	3s	0~3s	用户腿粗、屁股不够饱满的图片	以痛点引入，引起关注	卡点音乐 + 音频
2	近景	5s	4~8s	桃子真人出镜讲解	提前展示结果，吸引用户继续观看	
3	远景	6s	9~14s	模特出镜演练动作	用解决方案传递价值	
4	近景	2s	15~16s	桃子出镜引导大家收藏并联系	引导用户关注、评论，提高互动量	

（3）运镜

运镜是指在拍摄视频的过程中，通过镜头转换让镜头中的画面运动起来。在短视频的拍摄过程中，如果使用固定机位进行拍摄，难免会使画面显得有些单调。为了满足不同场景下的视频拍摄需求，让视频画面更加丰富，往往需要应用一些运镜技巧，让视频画面动起来，从而增加视频的代入感。常用的短视频运镜手法如表9-3所示。

表9-3 常用的短视频运镜手法

运镜手法	手法介绍	带来效果
前推运镜	前推运镜是指在拍摄时，镜头向前推动，从远到近进行拍摄，使拍摄场景由大到小。随着镜头与拍摄主体逐渐靠近，画面外框逐渐缩小，画面内的景物逐渐放大	前推运镜可以呈现由远及近的效果，能够很好地突出拍摄主体细节，适用于人物和景物的拍摄。例如，在拍摄海边旅游vlog时，镜头向前推，可以给观众营造出一种仿佛自己就置身于海边的感觉一样，身边每一帧景色都清晰可见
后拉运镜	后拉运镜是指在拍摄时，镜头向后拉动，从前向后进行拍摄，使拍摄场景由小到大，与前推运镜的拍摄手法正好相反	后拉运镜可以把用户注意力由局部引向整体，观众在视觉上会容纳更大的信息量，从而使他们感受到视频画面的宏大。例如，在拍摄山河景色时，使用后拉运镜，能表现出山河的壮丽景观
平移运镜	平移运镜是指从左向右或从右向左平行移动拍摄	平移运镜拍摄出来的画面，会给用户一种巡视或者展示的感受，适用于大型场景拍摄，可以记录更多场景和画面，使不动的画面呈现出运动的视觉效果
旋转运镜	旋转运镜是指在拍摄过程中通过旋转手机或者围绕着一个主体进行旋转拍摄	旋转运镜，主要能够起到增加视觉效果的作用，常用于两个场景之间的过渡，能拍出天旋地转和时光穿越的感觉。比如，拍摄从黑夜切换到第二天的白天画面，可以使用旋转的镜头来作为转场过渡
环绕运镜	环绕运镜是指围绕拍摄主体进行环绕拍摄	环绕运镜能够突出主体、渲染情绪，让整个画面更有张力，给观众带来一种巡视般的视角。环绕运镜适合描述空间和场景的叙述和渲染，常用于建筑物、雕塑物体的拍摄或者特写画面等
摇移运镜	摇移运镜也称为“晃拍”，是指上下或左右摇晃镜头进行拍摄	摇移运镜，常用于特定的环境中，通过镜头的摇晃拍出模糊和强烈震动的效果，比如精神恍惚、失忆穿越、车辆颠簸等

运镜的技巧还有很多，如跟随运镜、升降运镜、俯视运镜等。大家在拍摄vlog时，可根据脚本及主题来回切换运镜手法。另外，如果想让镜头运动得更稳，可以为拍摄设备添置一个稳定器。

3．vlog 的剪辑

vlog视频更像是将一幅幅精美的照片串联起来，讲述一个影像故事，所以对画面质感及转场等要求比较高。很多人在拍摄vlog素材时，为了丰富内容，往往会选择拍摄较多的素材内容，但由于后期剪辑不佳，导致整条视频像是在记流水账，毫无吸引力可言。在剪辑这类视频时应重点注意以下几点：

- 音乐：vlog视频的音乐有缓有急，常根据内容变化而变化。如音乐舒缓时，就降低视频速度做升格；音乐激情时，就添加转场特点，增强画面感。
- 转场特效：vlog视频为了增强代入感，一般在使用节奏感比较强音乐时使用转场特效；转场特效时长控制在1s左右，更能增强视觉冲击力。
- 滤镜：不同的滤镜，使得画面呈现出不同的风格效果，vlog视频的滤镜使用频率也比较高。例如，在剪映里使用“日系奶油”滤镜，能让原本昏黄的画面变得通透、清新；使用“闻香识人”则更能营造出电影质感的画面。
- 字幕：vlog视频少不了字幕烘托，一般会在视频开头用字幕标上地点、时间等字幕。
- 画面特效：“电影版”“黑森林”“老电影”“电影感画幅”等画面特效，用在视频开头或结尾，能有效增强电影感。

接下来以制作一条旅游vlog视频为例，讲解vlog视频剪辑要点。某博主将要沙漠之行的一些片段，进行剪辑后，生成一条独具吸引力的旅游vlog。在剪辑视频素材时，首先要明确主题，才能选取到符合主题的素材，如该条视频的主题为“周年旅行”。其次，一条完整的vlog包括开场、转场和结尾部分。该条视频的开场添加了表明主题的字幕“十周年旅行vlog”，如图9-9所示。再通过博主本人讲述此次出行的缘由是纪念日浪漫旅行，串联整个主线，如图9-10所示。

图9-9

图9-10

> **提示** A-Roll指通过一个人或多个人的讲述，串联起整个vlog的主线，表明视频中的人处于什么状况，正在做以及接下来要做的事；B-Roll指补充、辅助镜头，通过展示环境、细节等内容，展示小场景、小故事，起着承上启下的作用。

确定好主题及开场后，需要不同的镜头去丰富主画面和故事，让整个vlog生动起来，比如，该视频用到远景、人物近景、中景、全景等。视频中，远景使用广阔的视野镜头，展现周围环境，渲染行驶在路上的氛围，如图9-11所示；中景镜头则展现了博主在旅途中的行为、互动等，让观众进一步感受博主甜蜜的爱情氛围，如图9-12所示。

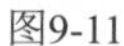
图9-11

图9-12

整个视频的转场特效应用频繁，用于强化不同镜头下的故事感；音乐方面，由于主线是一种甜蜜、美好的氛围，故所选的音乐也是一曲富有甜蜜风格的《爱的飞行日记》。整个视频所流露出来都是博主与老公之间甜蜜的爱情，使得不少向往美好爱情的观众纷纷点赞、留言，从而提高了该视频的浏览量和互动量。

4. 模板套用

对于一些新手而言，如果无法快速掌握vlog视频的剪辑，可以先套用剪映里的vlog模板。其具体操作步骤如下：

步骤01 打开剪映，点击【创作脚本】按钮，如图9-13所示。

步骤02 创作脚本里面有很多模板，如图9-14所示。

步骤03 在菜单栏中点击选择【vlog】选项，如图9-15所示。

图9-13

图9-14

图9-15

步骤04 选择一个合适的vlog模板使用，如图9-16所示。

步骤05 这里选择的案例是一个放假回家的vlog视频，可以预览vlog视频的成片效果，在其下有vlog的脚本介绍，如图9-17所示。

步骤06 点击【去使用这个脚本】按钮，然后根据脚本的结构去拍摄视频素材内容和完成脚本创作，只需要根据步骤点击【+】按钮来拍摄图片或视频即可，如图9-18所示。

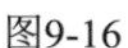
图9-16

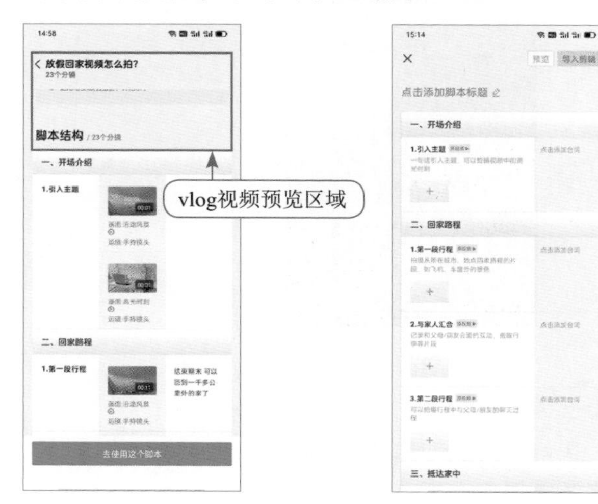

图9-17　　图9-18

092 制作电商产品短视频

随着短视频行业的发展，短视频、直播等形式的电商带货逐渐走进大众的视野。不少企业通过直播及发布短视频来近距离展示产品、答复用户问题，从而促成交易、实现变现。那么，这类电商产品短视频又该如何剪辑呢？

相较于vlog视频，电商视频在技术方面要求更低，无须展现精美的画面，也无须特别考虑音频、字幕等氛围烘托，重点在于如何展示产品卖点，从而刺激用户下单。因此，电商产品视频在拍摄方面，门槛更低，掌握一些常用的构图法、运镜手法即可。电商产品视频的脚本内容是影响用户是否转化的关键，所以需要重点策划脚本内容。这类视频脚本重点在于挖掘用户的痛点，展现产品卖点和利益点。

1．电商产品视频拍摄

电商产品视频的拍摄不能太过直接，如果从头到尾都只展示产品，就容易引起观众不满，更不会下单。因此，在拍摄这类产品视频时，最好能通过营造产品使用场景或营造特定剧情，展示产品卖点，让观众既认可视频作品，也认可视频中提及的产品。

电商产品视频要做到自然、生动，能打动观众，比较好的方式之一是将产品融入一个合适的场景中进行拍摄。除了合适的场景，还可以让短视频更富有情节性。比如，构思一个故事情节引入产品，或是将产品展示融入一些生活技巧中，这样的展示形式更容易被观众所接受。

比如某剧情类的抖音号“这是TA的故事”，就将洗衣机放在一个夫妻搬新家的情景剧里，部分视频截图如图9-19和图9-20所示。视频内容从夫妻搬新家展开，男方的亲戚认为家装漂亮，但是花费高（引出某洗衣机产品，虽然看起来不错，但是要1万多元），再由女主人说广告词“某某洗衣机，容量大，还能洗烘一体不伤手”。紧接着，由男方亲戚再次说一些中伤女主人的台词，引起观众的气愤。此时，男主人站在女主人这边，即使得罪自己亲戚，也要表达对女主人的疼爱之情，不想让她的手受伤。整个视频剧情饱满，反转牵动观众的心，提及产品和剧情的关系也正如产品与“理想家”的关系，十分融洽。

这条带有产品宣传的短视频获得了超过53万点赞，非常受欢迎。也将某洗衣机“不伤手”的形象植入了观众心里。如果这些观众正好有购买家电的需求，可能会因为这一信息植入，优先考虑该品牌的产品。

这条视频之所以能获得如此高的人气，除了脚本好、拍摄效果好之外，自然也离不开剪辑。整条视频的主题——夫妻恩爱的温馨，用了带有电影感的滤镜以及轻松的慢旋律音乐，各个转场利落，镜头转换自然，营造出一种轻松、自然、恩爱的氛围，将观众带入剧情中。

2. 电商产品视频剪辑

由于电商产品种类多，营销方式也多样化，所以这方面的视频剪辑也没有统一标准。但值得注意的是，根据脚本表达出中心主题即可。例如，一些测评产品类短视频，前期对产品持怀疑态度，可以选择紧张、节奏感强的音乐，快速抓住观众的好奇心理；后期揭开产品（积极、正向）的真相，则可选取一些节奏缓慢的音乐，利于观众相信、认可产品。

在拍摄、剪辑电商产品视频时，可以适当考虑追热点。因为热点信息在短期内关注量大，所含热点信息的视频内容也容易在短时间内获得高浏览量。例如，某变装视频的内容、音乐、转场等恰到好处，在短时间内吸引了20多万用户点赞，人气较高，如图9-21所示。如果想要拍摄服装类产品的视频，则可以考虑按照这种热门视频中的【剪映】|【一键剪同款】按钮，去拍摄、剪辑同款字幕和音乐的视频。

图9-19

图9-20

图9-21

3．更多模板套用

同理，对于一些暂时没有文案创作思路和剪辑思路的新手而言，可以套用剪映里的模板。

步骤01 打开剪映，进入【创作脚本】中的【好物分享】页面，可以看到很多好物分享方面的模板，如图9-22所示。

步骤02 选择一个模板，点击【去使用这个脚本】按钮，如图9-23所示，可以直接使用。

图9-22

图9-23

对于一些产品拍摄素材较多的情况，可以将素材套用音乐、滤镜等模板生成新视频。具体方法如下：

步骤01 打开剪映，点击【剪同款】按钮，如图9-24所示。

步骤02 在搜索框中输入“好物分享”，即可搜索到很多模板，如图9-25所示。

图9-24

图9-25

步骤03 任意点击某一视频，点击右下角【剪同款】按钮，如图9-26所示。

步骤04 跳转至作品创作页面，上传图片（视频），如图9-27所示。

步骤05 系统即可生成有字幕、音乐、内容等素材的完整视频，点击页面右上角的【导出】按钮，导出编辑完成的视频，最后发布到视频平台上，如图9-28所示。

图9-26

图9-27

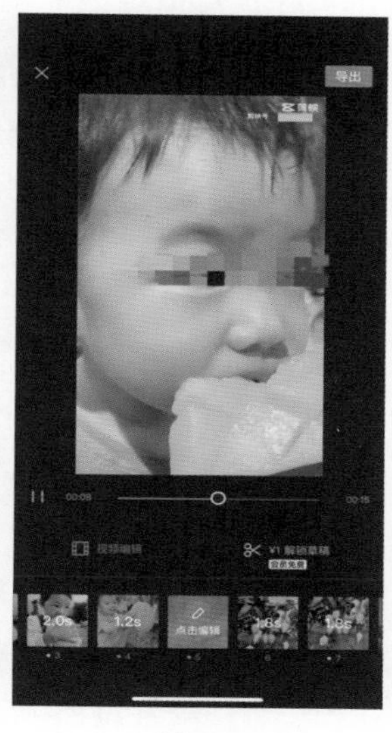

图9-28

093 制作美食教程短视频

俗话说“民以食为天”，美食方面的视频受众相对于其他领域更广，因此，也有不少人拍摄、剪辑、发布美食类的视频来吸引用户关注。例如，在抖音平台的某美食博主，通过发布制作美食视频，截至目前已积累了1700多万粉丝，获赞2亿多，如图9-29所示。

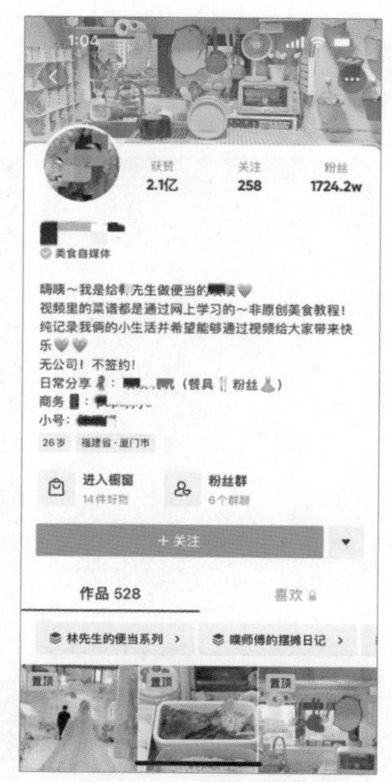

图9-29

美食类的视频包括美食教程、美食探店、美食测评等，下面以人气较高的美食教程类视频为例，讲解这类视频的拍摄、剪辑要点。

1. 美食教程视频脚本创作

美食教程类的视频，通常制作的食品外观十分诱人，而视频过程则尽量展示出外观变化，以及简单易学的制作程序。这类视频的脚本内容框架，开头讲关键步骤的起因，中间讲关键步骤的过程，最后以动作结果来收尾。比如做一道芹菜炒牛肉的视频，晒过程的脚本结构应该是先准备食材，再将食材下锅并加入调料，最后展现芹菜炒肉的成品，如图9-30所示。诸如此类的晒过程脚本，在美食教程类视频中很常见。

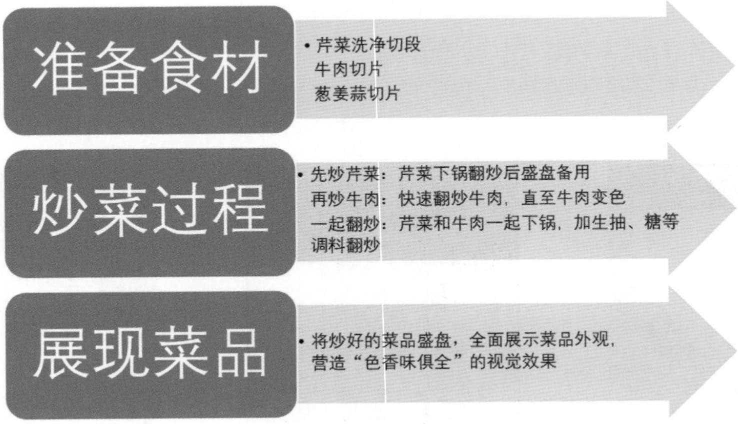

准备食材
- 芹菜洗净切段
  牛肉切片
  葱姜蒜切片

炒菜过程
- 先炒芹菜：芹菜下锅翻炒后盛盘备用
  再炒牛肉：快速翻炒牛肉，直至牛肉变色
  一起翻炒：芹菜和牛肉一起下锅，加生抽、糖等调料翻炒

展现菜品
- 将炒好的菜品盛盘，全面展示菜品外观，营造“色香味俱全”的视觉效果

图9-30

这种脚本内容框架适用于工艺制作、运动健身、唱歌跳舞、游戏讲解、生活美食等。商家可以思考一下自己的内容适合哪种脚本内容框架，并将其进行灵活应用。

2．美食教程类视频拍摄

美食教程类视频的拍摄要点，主要体现在机位灵活切换和高颜值餐具配合两个方面。首先，在拍摄制作美食短视频时，一方面需要对于制作步骤进行讲述，另一方面需要对于成品进行展示。在拍摄制作步骤时，通常是固定一个拍摄位置，对制作平台进行俯拍；而在拍摄成果时，可以采用移镜头进行拍摄。比如在某美食博主的视频中，制作肉片的短视频就运用到了俯拍和移镜头的拍摄方法，如图9-31和图9-32所示。

同时，制作美食一直被塑造成一件很美、很“高级”的事，能为生活增添许多情趣。所以，与之配合的道具也不能显得“寒酸”，一定要“颜值达标”，才能将观众带入“小资生活”的氛围。比如抖音号“噗噗叽叽”的短视频中，不管是制作美食所用的餐盘、锅，还是食物本身，都十分赏心悦目，如图9-33和图9-34所示。

图9-31

图9-32

图9-33

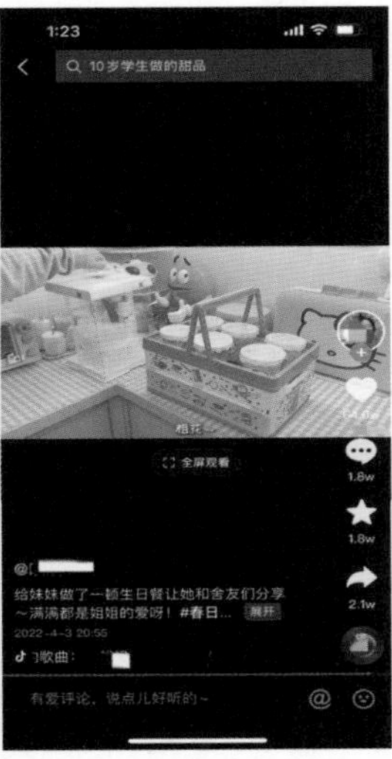

图9-34

3. 美食教程视频的剪辑

美食教程视频的脚本和拍摄固然重要，但是后期的剪辑工作也一样重要，特别是添加滤镜和音乐。

首先，美食教程类视频之所以能吸引观众，离不开食物的“色”，也就是食物的视觉效果。这也是同样的红烧肉制作视频，有的红烧肉看上去汤汁浓郁、食欲满满，而有的红烧肉看上去像盒饭的原因。如何通过剪辑让美食成品更具吸引力呢？答案就是添加滤镜。

剪映中的“美食”滤镜包括法餐、烘焙、料理、西餐等滤镜，如图9-35所示。添加这些美食滤镜，通过对食物成品调色，使食物看上去更具有诱惑力，激发出观众品尝食物的冲动。通过调整食物色彩纯度和饱和度，能增加食物的诱惑力，也让观众对视频及其展示的食物更有兴趣。

其次，为了让美食教程视频看起来更完美，通常还需要在剪辑时为视频加入背景音乐。美食教程视频一般也会根据视频主题及调性来选择让视频更丰满的音乐。在剪映App中，也有“美食”的音乐合集，大家可以在该合集里选择与视频调性一致的音乐。在剪映App中打开一段美食视频素材，点击【添加音乐】按钮，可以看到【美食】分类的乐库，如图9-36所示。点击【美食】乐库，可以看到多个热门美食相关的音乐，试听并选择符合视频内容的音乐，点击【使用】按钮，即可添加音乐，如图9-37所示。

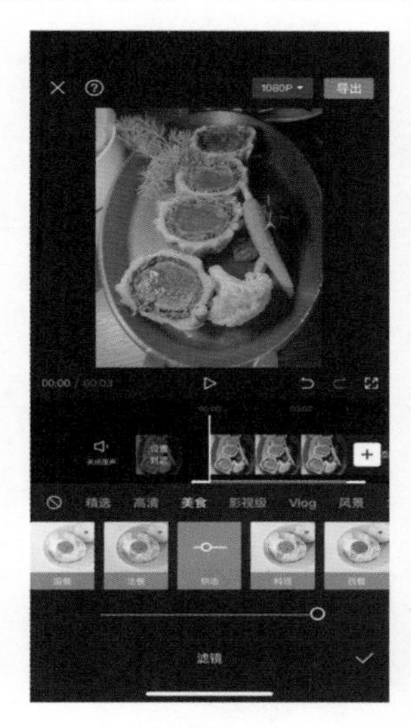

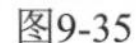
图9-35

图9-36

图9-37

在选择美食教程视频的音乐时，尤其要注意音乐和内容的搭配，不能为了选用热门音乐而使其与内容产生割裂感。

4. 美食教程视频模板

对于没有脚本创作思路和拍摄、剪辑思路的人而言，可以借助剪映模板来制作视频。

步骤01 打开剪映，打开【创作脚本】按钮，找到【美食】页面，即可看到多个热门美食方面的视频模板，如图9-38所示。

步骤02 点击任意一个视频模板，即可查看模板的脚本、镜头、滤镜、音乐等素材，如图9-39所示。

步骤03 点击【去使用这个脚本】按钮，然后根据指导进行拍摄、剪辑、发布即可。

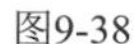
图9-38

图9-39

094 制作卡点+动画视频

卡点指画面卡住音乐的节奏点，同步出现或消失的视觉效果，能有效增强视觉冲击感。特别是在一些需要体现运动的视频中，同时加入卡点和动画的特效，能使之视频更具美观性。那么，这类视频应该如何制作呢？下面详细讲解卡点+动画效果的视频制作方法。

步骤01 打开剪映App，点击【开始创作】按钮，如图9-40所示。

步骤02 在页面中选择需要编辑的视频素材，点击【添加】按钮，如图9-41所示。

步骤03 进入编辑视频页面，点击【音频】按钮，如图9-42所示。

图9-40

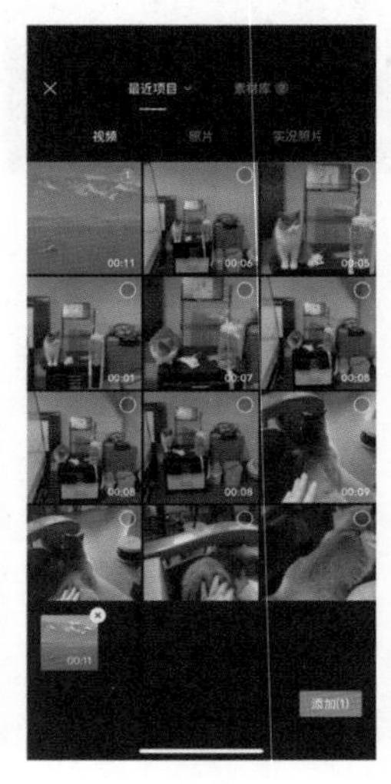

图9-41

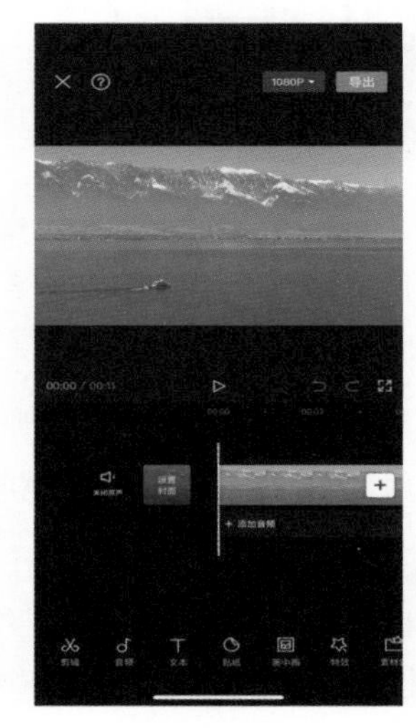

图9-42

步骤04 点击【音乐】按钮，如图9-43所示。

步骤05 进入添加音乐页面，点击【卡点】按钮，如图9-44所示。

步骤06 进入卡点音乐页面，点击要添加的音乐后面的【使用】按钮，即可为视频添加卡点音乐，如图9-45所示。

图9-43

图9-44

图9-45

步骤07 点击选中音乐素材， 点击工具栏中的【踩点】按钮，如图9-46所示。

步骤08 点击【自动踩点】按钮，选择【踩节拍Ⅱ】按钮，如图9-47所示。

步骤09 点击选中视频素材， 点击工具栏中的【蒙版】按钮，如图9-48所示。

图9-46

图9-47

图9-48

步骤10 点击【矩形】按钮，如图9-49所示。

步骤11 拖动⊕按钮，选中更多区域，如图9-50所示。

步骤12 拖动⊙按钮，添加圆角效果，如图9-51所示。

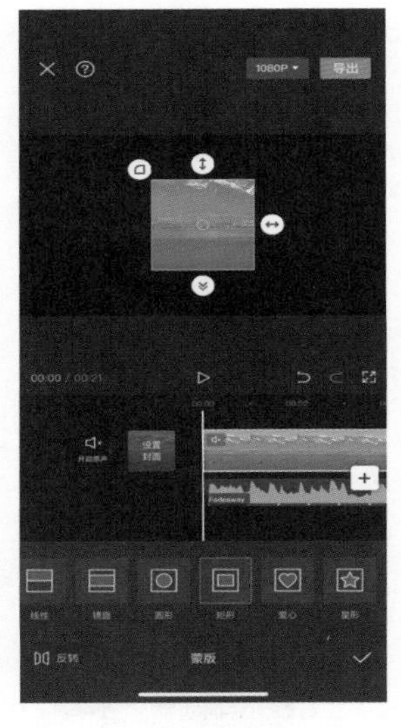

图9-49

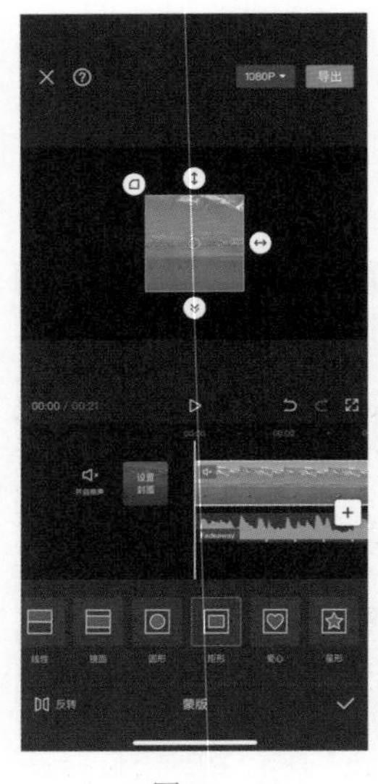

图9-50

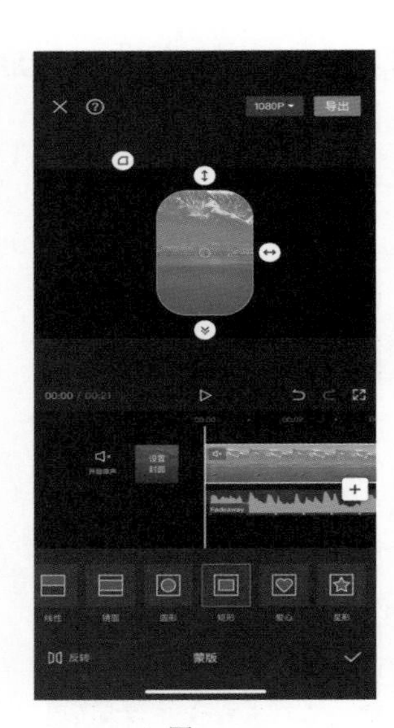

图9-51

步骤13 选中视频素材，点击工具栏中的【复制】按钮，如图9-52所示。

步骤14 复制后共有2个视频画面，选中主画面，点击【切画中画】按钮，如图9-53所示。

步骤15 选中视频素材，点击【蒙版】按钮，如图9-54所示。

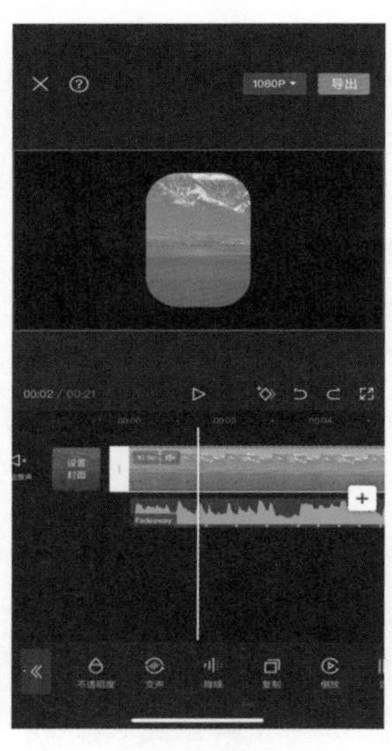

图9-52

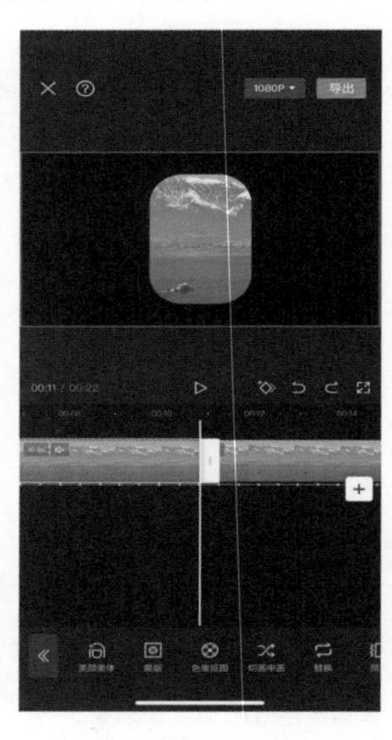

图9-53

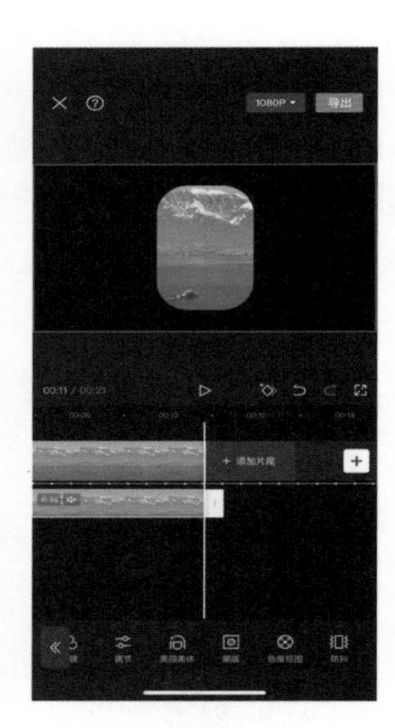

图9-54

步骤16 出现2个蒙版，拖动其中一个至左边，点击✓按钮，如图9-55所示。

步骤17 回到视频编辑页面，选中主画面，点击【复制】按钮，如图9-56所示。

步骤18 现在共有3个视频画面，选中主画面，点击【切画中画】按钮，如图9-57所示。

步骤19 点击选中视频素材，点击【蒙版】按钮，如图9-58所示。

步骤20 出现3个蒙版，拖动其中一个至右边，点击✓按钮，如图9-59所示。

步骤21 点击第2个画面，如图9-60所示。

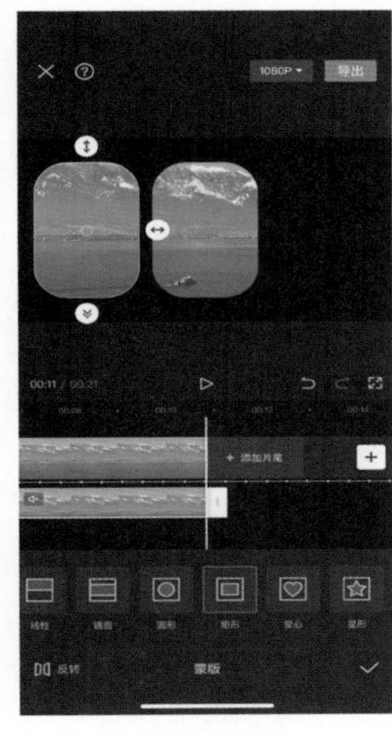

图9-55

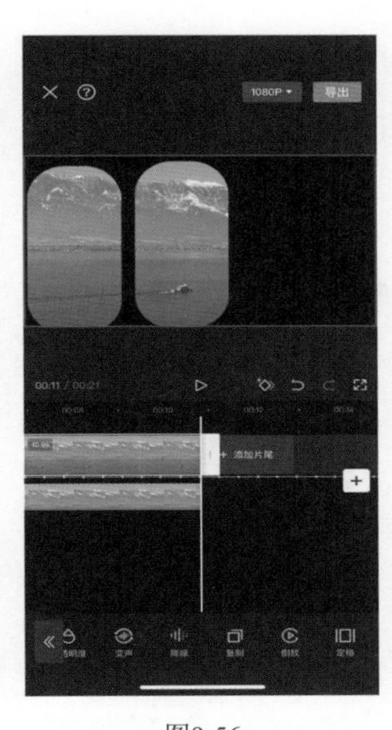

图9-56

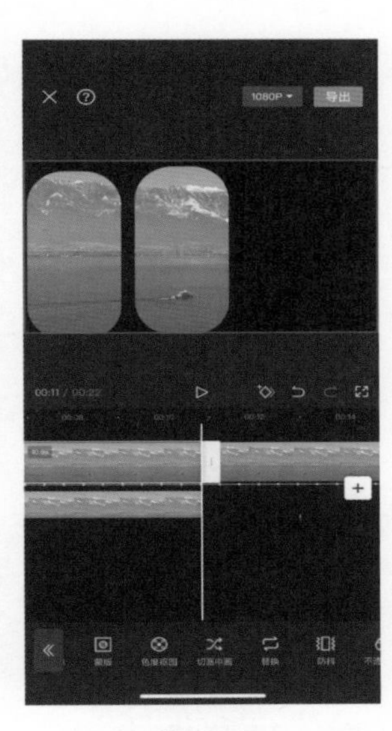

图9-57

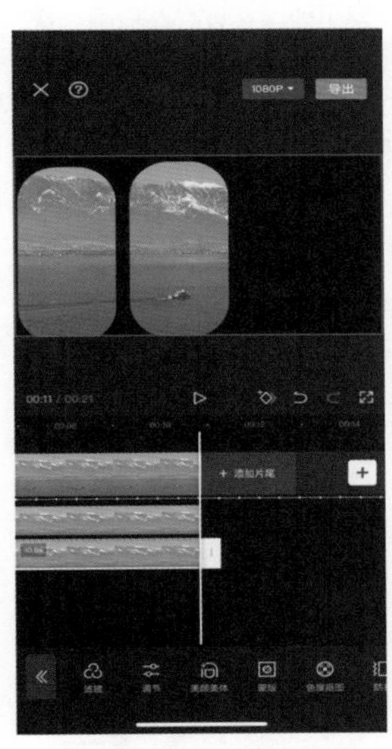

图9-58

图9-59

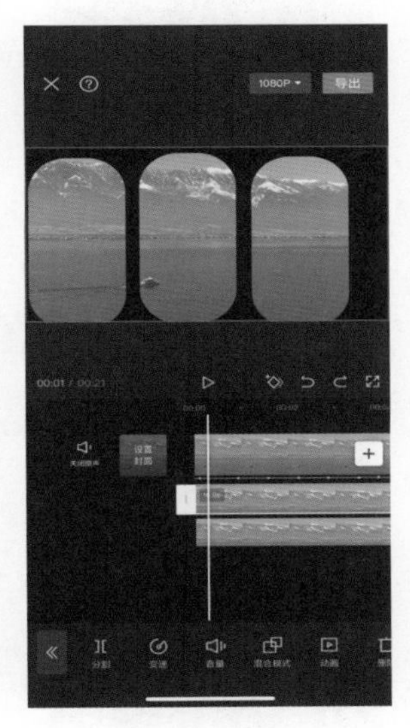

图9-60

步骤22 将第2个画面拖动至第2个踩点处，如图9-61所示。

步骤23 点击第3个画面，如图9-62所示。

步骤24 将第3个画面拖动至第3个踩点处，如图9-63所示。

步骤25 选中主画面，在第4个踩点的位置，点击【分割】按钮，如图9-64所示。

步骤26 相同的方法，在主画面中每4个踩点处都点击【分割】按钮，如图9-65所示。

步骤27 选中第2个画面，在第4个踩点的位置点击【分割】按钮，如图9-66所示。

步骤28 在第2个画面每4个踩点的位置都点击【分割】按钮，如图9-67所示。

步骤29 选中第3个画面，在第4个踩点的位置点击【分割】按钮，如图9-68所示。

步骤30 在第3个画面中，每4个踩点的位置处都点击【分割】按钮，如图9-69所示。

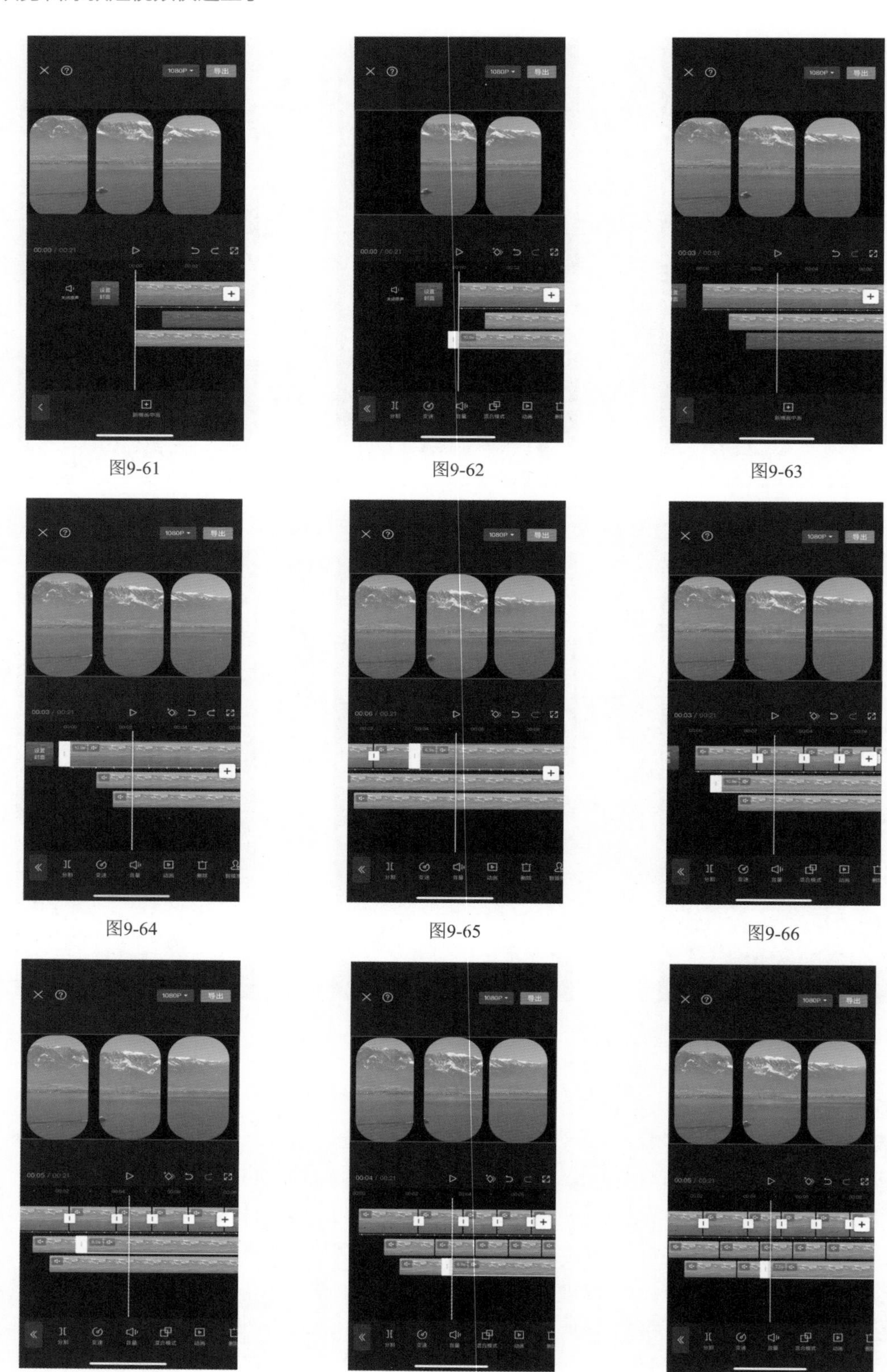

图9-61

图9-62

图9-63

图9-64

图9-65

图9-66

图9-67

图9-68

图9-69

步骤31 视频分割好后，回到主页面，选中主画面，点击【动画】按钮，如图9-70所示。

步骤32 点击【入场动画】按钮，如图9-71所示。

步骤33 选择【动感放大】按钮，点击✓按钮，如图9-72所示。

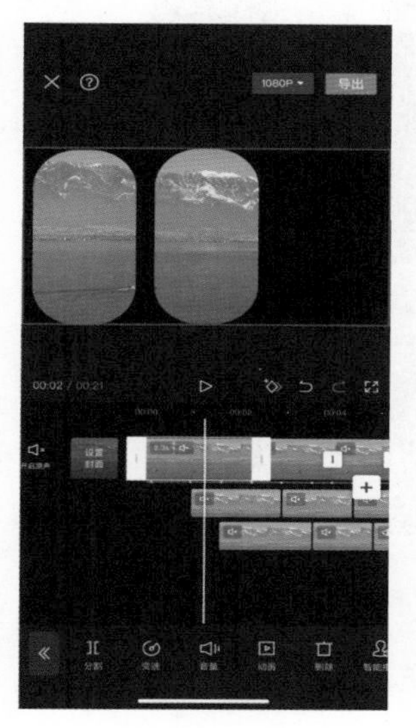

图9-70

图9-71

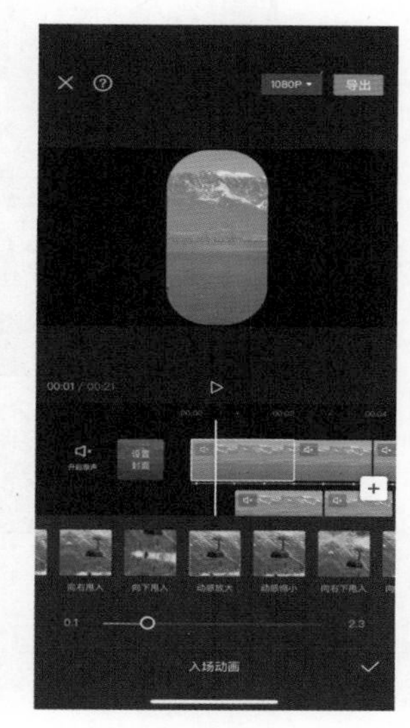

图9-72

步骤34 依次给各个画面都添加【动感放大】的入场特效，如图9-73所示。

步骤35 选择第1个画面中的第2段视频，点击【替换】按钮，如图9-74所示。

步骤36 进入选择内容页面，如图9-75所示。

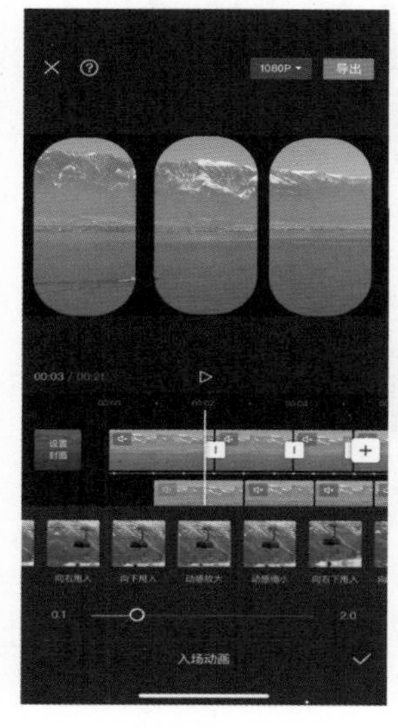

图9-73

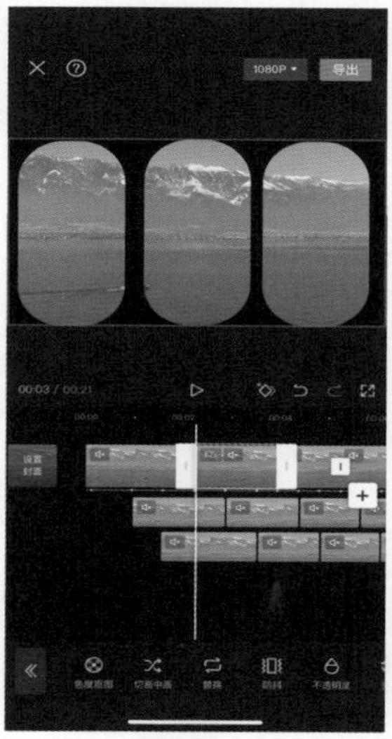

图9-74

图9-75

步骤37 选择新的视频内容，点击【确认】按钮，如图9-76所示。

步骤38 重复替换步骤，将各个视频画面都替换为新的视频内容，如图9-77所示。

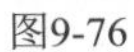
图9-76

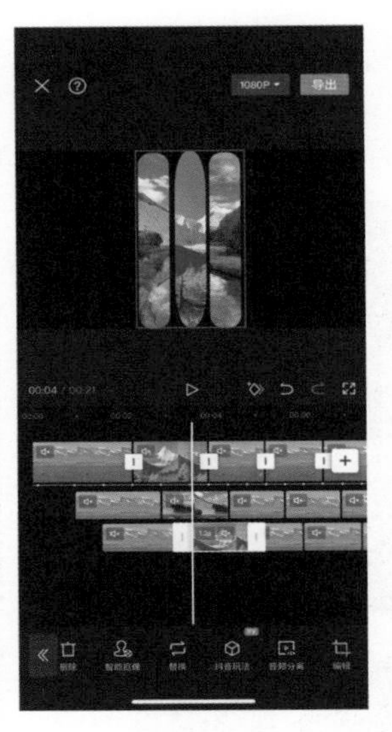

图9-77

步骤39 重复添加动画步骤，为各个视频画面都添加【动感放大】的入场特效，如图9-78所示。

步骤40 替换全部视频画面并且添加动画特效后，整个视频内容就会以卡点+动画的形式展现，如图9-79所示。

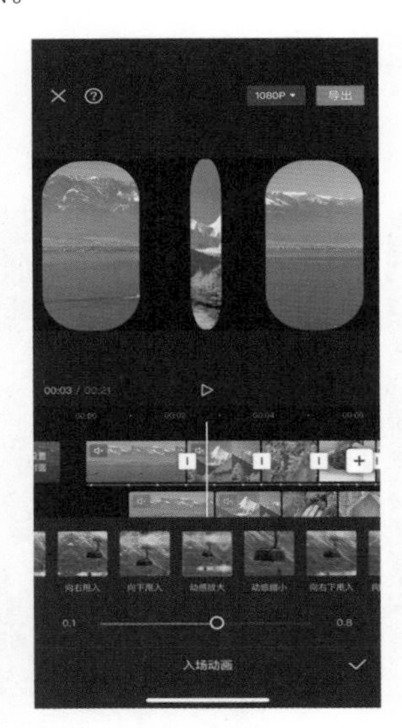

图9-78

图9-79

步骤41 至此，整个视频编辑完成，点击播放按钮▷播放视频，然后设置视频的分辨率为1080P，帧率为20，最后导出视频保存即可。